鄱阳湖南矶湿地野外综合试验站核心区生态系统要素特征

张　华　阳文静　刘贵花
胡启武
黄　琪　杨　涛　方朝阳　等 ◎ 编著

气象出版社
China Meteorological Press

内容简介

本书系鄱阳湖湿地与流域研究教育部重点实验室主任基金(TK2016001)资助成果。本书详细记录了鄱阳湖南矶湿地野外综合试验站所处湿地核心区的生态系统要素特征,包括小气候、水位和水质、土壤理化性状、植物群落分布与物种组成、微生物群落组成、底栖动物分布等。本书可供从事湿地生态研究,特别是从事鄱阳湖湿地生态研究、保护和管理人员,以及相关专业的研究生使用。

图书在版编目(CIP)数据

鄱阳湖南矶湿地野外综合试验站核心区生态系统要素特征/胡启武等编著 . —北京:气象出版社,2019.8
ISBN 978-7-5029-7024-6

Ⅰ.①鄱… Ⅱ.①胡… Ⅲ.①鄱阳湖—沼泽化地—生态系—研究 Ⅳ.①P942.560.78

中国版本图书馆 CIP 数据核字(2019)第 174386 号

Poyanghu Nanji Shidi Yewai Zonghe Shiyan Zhan Hexin Qu Shengtai Xitong Yaosu Tezheng

鄱阳湖南矶湿地野外综合试验站核心区生态系统要素特征

胡启武　张　华　阳文静　刘贵花　黄　琪　杨　涛　方朝阳　等　**编著**

出版发行:气象出版社

地　　址:北京市海淀区中关村南大街 46 号　　邮政编码:100081
电　　话:010-68407112(总编室)　010-68408042(发行部)
网　　址:http://www.qxcbs.com　　**E-mail**:　qxcbs@cma.gov.cn
责任编辑:蔺学东　　终　　审:吴晓鹏
责任校对:王丽梅　　责任技编:赵相宁
封面设计:楠竹文化
印　　刷:北京建宏印刷有限公司
开　　本:787 mm×1092 mm　1/16　　印　　张:8.25
字　　数:220 千字
版　　次:2019 年 8 月第 1 版　　印　　次:2019 年 8 月第 1 次印刷
定　　价:60.00 元

序 一

野外台站是开展野外观测、试验、研究和示范的重要平台，早在 1843 年，英国就建立了洛桑试验站。通过长期开展土壤肥力与作物生长关系的监测、试验和研究，洛桑试验站为土壤学和农学的发展做出了巨大贡献。美国夏威夷 Mauna Loa 站通过长期监测发现了全球大气 CO_2 浓度逐年升高的现象，为全球变化研究提供了关键数据，并引发了人类对全球变化的广泛关注。迄今为止，世界上已持续观测 60 年以上的定位试验站有 30 余个。中国生态系统研究网络（CERN）自 1988 年创建以来，紧密围绕"监测生态系统长期变化""研究生态系统演变机制"和"示范生态系统优化管理模式"三大基本科技任务，实现了网络化、标准化、规范化和制度化运行，成为与美国长期生态研究网络（LTER Network）和英国环境变化网络（ECN）齐名的世界三大国家级生态网络之一，为我国生态文明建设提供了强有力的科技支撑。

湿地与森林、海洋并列为地球三大生态系统之一，其重要性早已为人所知。作为中国陆地生态系统定位研究网络的重要组成部分，2007 年，由分布于全国重要湿地类型区的湿地生态系统定位研究站共同组成了中国湿地生态系统定位研究网络（Chinese Wetland Ecosystem Research Network, CWERN）。CWERN 通过在重要、典型湿地分布区建立长期观测点与观测样地，对湿地生态系统结构、功能及人为干扰的影响进行长期定位观测，以揭示湿地生态系统发生、发展和演化的作用机理与调控方式，为保护、恢复和重建以及合理利用湿地提供科学依据。

鄱阳湖是中国最大的淡水湖泊，南北长约 173 千米，东西宽平均 16.9 千米。以松门山为界，分为南北两部分：北部为湖水入长江水道，南部为主湖区。2008 年 10 月，中国科学院南京地理与湖泊研究所与江西省山江湖开发治理委员会办公室在鄱阳湖北部星子湖区合作共建了鄱阳湖湖泊湿地观测研究站（以下简称星子站）。星子站是一个以鄱阳湖湖泊水体为主要研究对象，兼顾洲滩湿地的野外定位研究站。该站主要研究方向包括：湖泊流域水循环与湖泊水量变化、湖泊水动力与水环境水生态、湖泊流域综合管理与生物多样性保护等，并于 2012 年 3 月正式纳入 CERN。

　　鄱阳湖湿地与流域研究教育部重点实验室（江西师范大学）长期聚焦鄱阳湖研究，在历史传承的基础上，基于鄱阳湖研究的百年大计，于 2013 年与鄱阳湖南矶湿地国家级自然保护区管理局共建了"鄱阳湖南矶湿地野外综合试验站"（以下简称南矶站）。南矶站地处赣江北支、中支和南支汇入鄱阳湖开放水域冲积形成的赣江三角洲前缘，是赣江三大支流的河口与鄱阳湖大水体之间的水陆过渡地带，其湿地典型性在全球具有代表性，亦是世界同纬度地区保存完好的湿地生态系统之一。南矶站所处自然保护区处于东亚－澳大利亚水鸟迁飞线路之中，是重要的水鸟越冬地和中继站，在候鸟保护上具有国际意义。南矶站和星子站在空间分布上南北呼应。两站观测的湖区在水位、水温、风浪、湖流等水文特征，洲滩淹没、出露时间以及由此引起的湿地植被的生长周期和栖息地变化等方面能够更加充分体现鄱阳湖景观生态的差异性。南矶站与星子站各具特色，实现了鄱阳湖长期监测的空间完整性和特色关注的配置与互补。

　　为了更好地对鄱阳湖湿地开展长期监测，鄱阳湖湿地与流域研究教育部重点实验室以及江西师范大学地理与环境学院的老师和科研人员对南矶站核心区的水、土、气、生等生态要素进行了本底调查，在此基础上形成了《鄱阳湖南矶湿地野外综合试验站核心区生态系统要素特征》一书。该成果首次全面系统地阐明了我国大型通江湖泊湿地典型区的微生物群落、底栖动物、土壤、植物群落及小气候等特征，为鄱阳湖湿地保护与生态安全监控提供了基础数据。该书付梓之际，特邀请我来作序。借此机会谨向长期坚持在鄱阳湖一线研究的江西师范大学，以及其他省内、国内和国际从事鄱阳湖研究的老一辈科学家、青年科学工作者表达敬意，希望鄱阳湖研究能扎扎实实地传承下去。同时，愿把该书推荐给海内外关心、关注鄱阳湖研究的同仁，希望该书的出版能为南矶站今后的建设与发展奠定良好的基础。

中国工程院院士

2018 年 11 月

序 二

　　鄱阳湖湿地与流域研究教育部重点实验室（江西师范大学）于 2003 年以江西省和教育部省部共建的方式筹建，2007 年通过教育部验收，2015 年 12 月通过教育部重点实验室评估。实验室成立 15 年来，在全体同仁的共同努力之下，逐步成为国内外具有重要影响的开放性、多学科、综合性鄱阳湖地理与环境及湿地与流域科学的研究基地。

　　野外台站建设是重点实验室科研平台建设的核心内容。经多方协调及长期工作积累，2013 年初，鄱阳湖湿地与流域研究教育部重点实验室与鄱阳湖南矶湿地国家级自然保护区管理局签署合作协议，正式成立"鄱阳湖南矶湿地野外综合试验站"。试验站位于鄱阳湖南部主湖区的南矶湿地国家级自然保护区。所在区域是典型的天然季节性湖泊湿地，拥有保护区所有类型的植物群落，是鱼类和水鸟等动物的重要栖息地。该试验站的建立为获取野外科学数据，确立实验室国际鄱阳湖科学研究的地位，具有标志性的意义。

　　鄱阳湖南矶湿地野外综合试验站的主要研究方向包括：（1）环境变化与湖泊湿地生态系统响应，特别是全新世以来鄱阳湖湖泊 / 湿地的环境演化过程，百年来鄱阳湖湖泊 / 湿地演化特点和对人类活动的响应，以及现代鄱阳湖湖泊环境与湿地干旱化及地貌环境效应特征，湿地水汽、二氧化碳、甲烷气体通量以及对水位变化的生物地球化学过程及其响应；（2）湿地生物多样性与环境健康，特别是研究湖泊湿地生态系统中污染物交换、转化、富集、迁移过程与毒理特性，湖泊湿地生态修复与重建、湖泊湿地生态系统服务价值，湖区（阳性）钉螺的空间分异规律、血吸虫病易感等级与时空分异规律，候鸟栖息地的时空变化规律，以及湿地利用与禽流感风险；（3）利用遥感和地理信息技术，研究土地利用和土地覆盖变化与自然过程、人类活动之间的关系，开发决策支持系统和生态环境教育服务信息共享平台，提高公众参与湿地保护和管理意识，为科学管理提供技术支撑。

环境在变化，科学在发展，手段在更新。

为实现长期鄱阳湖湿地定位观测，自 2013 年初开始，经过多方协调和调研，确定了鄱阳湖南矶湿地野外综合试验站核心区的选址，并开始建设试验站核心设备搭载平台（通量塔）。由于鄱阳湖特有的年际水位变化特征，最高和最低水位相差超过 16 米，且湖面经常遇到强风的影响，因此通量塔的建设难度非常大。为此，团队成员以及设备、设计和施工单位工作人员付出了巨大努力，结合国内外多处野外台站建设的实践经验，完成了高 23.5 米的钢塔平台建设，并进行了仪器设备安装、调试、校验和试运行。

试验站的核心设备包括涡度相关与能量平衡系统（LI–7500A, LI–7700），自动测量并存储地表与大气相互作用近地气层的瞬时三维风速、温度、二氧化碳、甲烷气体、水汽、显热和空气动量通量，采用微气象学湍流涡动协方差方法，自动测量和存储地表与大气之间的物质与能量交换特征量。系统配置包括空气温湿度、净辐射、土壤热通量等传感器，年际和季节性的物候相机，湖区水位变化监测视频传感器，以及候鸟音频采集传感器等。试验站围绕通量塔集成建设了野外监测 – 数据传输 – 室内分析与数据发布的无线传感网络系统，与重点实验室的虚拟地理环境仿真与决策支持系统实现了准实时对接。

2015 年 4 月 26 日，中国工程院院士孙九林先生，国际欧亚科学院院士、香港中文大学教授林珲先生，江西省、南昌市、新建县和江西师范大学主要领导等为南矶湿地野外综合试验站定位监测系统揭牌，标志该系统建成并投入运行。该系统的建成为鄱阳湖研究提供了全新和独特的科学数据基础，是在高水位动态变化下，湖泊湿地环境监测领域的突破，为我国和世界湿地环境监测网络系统提供了一个独特的定位监测基地。

2018 年 3 月，通量塔平台完成动力改造，满足大型设备稳定运行的动力需求。2018 年 6 月，重点实验室与江西省气象局利用该通量塔平台搭载，联合建设完成了鄱阳湖湿地生态气象观测站。该综合系统的建设和完善，为江西省重大生态安全问题监控，特别是水生态安全和湿地生态安全监测，提供了核心技术平台和数据支持。

南矶湿地野外综合试验站的建立，提高了我们关于应对全球变化及区域响应等重大科学问题的解决能力，对提升鄱阳湖湿地的基础研究、生物多样性保护和社会化服务水平，对推动江西师范大学实践教学基地建设具有重要意义。

为强化试验站的科学研究基础，2016年，由胡启武教授提议和带领，方朝阳教授、阳文静、张华、刘贵花、杨涛、黄琪等老师参与，以重点实验室主任特殊开放基金项目的方式，实施开展了鄱阳湖南矶湿地野外综合试验站核心观测区生态系统本底调查和研究。该项目的主要目标包括：(1) 明确试验站核心观测区周边的湿地景观格局和变化特征；(2) 阐明试验站核心观测区土壤、植被、水文、气候等生态要素的分布特征。历经两年多的艰苦野外工作和实验室分析，研究取得了完整的野外数据和得出了科学结论。在此基础上，完成了《鄱阳湖南矶湿地野外综合试验站核心区生态系统要素特征》一书。

《鄱阳湖南矶湿地野外综合试验站核心区生态系统要素特征》的出版，为鄱阳湖研究做出了基础性文献总结和历史性的贡献，也为试验站的建设提供了科学基础和参考依据。

在本书出版之际，谨向参与此项目工作和专著撰写的老师和同学们表示由衷的感谢。并祝鄱阳湖南矶湿地野外综合试验站的工作不断进步，祝鄱阳湖研究锐意进取，发扬光大，走向世界，走向辉煌！

王野乔

2018 年 11 月 18 日

前 言

　　野外长期观测与定位试验是地学、生物学以及资源环境科学的基本研究手段。而野外台站是开展野外观测、试验、研究和示范的重要平台，也是科学研究、人才培养和科研生活的基地。湿地被誉为"地球之肾"，湿地的功能愈来愈为人类所认识，特别是在全球变化背景下，湿地相对于陆地生态系统对气候变化更加敏感。以气温升高、降水格局变化、极端天气事件频发为主要特征的气候变化对湿地生态系统结构与功能将产生怎样的影响？植被、水体、人居环境和水鸟生境等将发生怎样的变化？如何应对这些变化？这些都是摆在我们面前迫切需要回答的问题，湿地野外台站的长期监测、研究与示范的功能将在这些问题的解决过程中发挥不可替代的作用。因而湿地野外生态站的建设步伐明显加快，以中国科学院为例，2000年之后新加入 CERN 的 3 个野外台站中有 2 个属于湖泊湿地台站。

　　鄱阳湖是我国最大的淡水湖，也是长江中下游最重要的通江湖泊，对维系区域和国家生态安全意义重大；鄱阳湖湿地是中国首批国际重要湿地之一，在生物多样性保护上具有全球意义；鄱阳湖流域与江西省行政范围高度吻合，独特的山－水－林－田－湖－草系统是研究人地关系的典型区。因此，在鄱阳湖典型区建设野外台站，对湖泊－湿地－流域生态要素进行长期监测，不仅为区域生态安全维系与生态文明建设提供基础数据，对于完善我国湿地生态系统定位观测研究网络，提升我国淡水湖泊湿地科研水平，都具有极为重要的意义。

　　2013 年 5 月，江西师范大学鄱阳湖湿地与流域研究教育部重点实验室联合鄱阳湖南矶湿地国家级自然保护区，共建"鄱阳湖南矶湿地野外综合试验站"（以下简称南矶站）并正式挂牌。南矶站的建立，不仅有利于提高区域应对气候变化所面临的重大科学问题的解决能力，同时，对于提升鄱阳湖湿地与流域研究教育部重点实验室的基础研究与社会化服务水平，推动江西师范大学实践教学基地建设具有重要意义。

生态系统要素的监测是野外台站的基本任务，做好本底值的调查，是进一步开展生态要素长期监测的基础。鉴于此，试验站组织人员于2016年秋季至2018年秋季开展了试验站核心区水、土、气、生等生态要素的背景值调查，并在此基础上撰写了《鄱阳湖南矶湿地野外综合试验站核心区生态系统要素特征》一书。

本书内容共分8章，具体分工如下：第1章试验站及其核心区简介，由方朝阳、颜吉林和王妍婕负责；第2章小气候特征，由杨涛和王莉莉负责；第3、4章水文水质特征，由刘贵花、徐乃千、崔浩、陈正兴等负责；第5章土壤理化性状，由张华、江英辉、胡启武、崔浩、陈正兴等负责；第6章植物物种组成与群落特征，由阳文静、游清徽、方娜、徐丽婷、聂兰琴、胡启武等负责；第7章土壤微生物群落组成与生物量，由金奇、陈明月、钟欣孜、冯哲、张前前、汪琴、胡启武等负责；第8节底栖动物特征，由黄琪、万宁萱、邵江燕、谢桂芳等负责。全书由胡启武统稿，并经王野乔审定，附录照片由参加本底调查的阳文静、张华、刘贵花、黄琪、方朝阳和胡启武等提供。

在本书即将付梓之际，对参与本次野外调查的所有研究生及提供支持和帮助的工作人员表示衷心的感谢。由于水平有限，书中难免存在错误和遗漏之处，敬请读者批评指正。

编著者

2018 年 11 月

目录

第1章
试验站及其核心区简介

1.1 试验站周边概况

　　鄱阳湖南矶湿地野外综合试验站（以下简称南矶站）位于鄱阳湖南矶湿地国家级自然保护区内，该保护区地处赣江北支、中支和南支三大支流汇入鄱阳湖开放水域冲积形成的三角洲前缘，属于鄱阳湖南部主湖区。保护区地理坐标为北纬 28°52′05″～29°06′50″，东经 116°10′33″～116°25′05″（图 1-1），总面积 3.33 万公顷，整体位于南昌市新建区境内，包括南矶乡的全部，以及联圩乡的部分湖区。土地利用类型主要为湖滩草洲和水域，约占保护区土地总面积的 98% 以上。受鄱阳湖和长江水文节律的双重影响，保护区春夏丰水期时，洪水一片，成为鄱阳湖广阔水域的一部分，只有南山和矶山两个人居岛屿出露湖面；秋冬枯水期时，水落滩出，显露为赣江三角洲的前缘，呈现河湖交错、洲滩镶嵌的湿地景观。

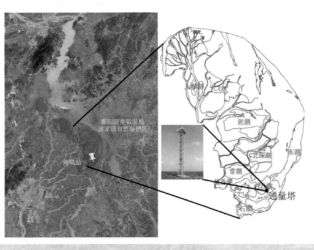

图 1-1　南矶站及其所在保护区位置图

保护区多年（1961—2005 年）平均气温为 17.6 ℃，最冷月（1月）平均气温 5.1 ℃，最热月（7月）平均气温 29.5 ℃，年均降水量为 1450～1550 mm，主要集中于 4—6 月。多年（1961—2005 年）最高水位 22.43～22.57 m，最低水位 9.59～11.02 m，水位最大年变幅为 9.59～10.94 m，最小年变幅为 3.80～4.42 m，年际间最高最低水位差为 10.34～11.55 m。

保护区沿水位梯度依次发育有草甸土、草甸沼泽土等土壤类型。保护区内共发现维管束植物 443 种，水生植物 156 种，浮游动物 111 种，底栖动物 62 种，水生昆虫 168 种，鱼类 58 种，鸟类 205 种，两栖动物 11 种，爬行动物 23 种，哺乳动物 22 种。保护区处在东亚—澳大利亚水鸟迁飞线路之中，是重要的水鸟越冬地和中继站，在候鸟保护上具有国际意义。其中，国家 I 级保护鸟类 4 种，包括东方白鹳、黑鹳、白头鹤、白鹤；国家 II 级保护鸟类 24 种，包括小天鹅、白琵鹭、花田鸡等（刘信中等，2006）。

1.2　试验站核心观测区

试验站于 2015 年在保护区的东湖与白沙湖毗邻区设置了核心观测区，在区内建成了搭载 LI-7500A 开路 CO_2/H_2O 分析仪、LI-7700 开路 CH_4 分析仪、三维超声风速仪等观测仪器的通量塔（北纬 28° 53′48″，东经 116° 20′1″，塔底基座基准高程 13 m（国家 2000 坐标系））（图 1-1～1-3），并以此为基础建成了涵盖气象、生物、土壤和水文等生态要素的观测系统。本次调查的核心区主要包括通量塔所处的东湖及毗邻的白沙湖，面积约 3 km^2。

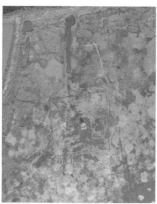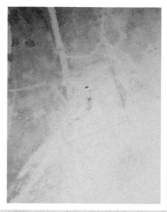

图 1-2　试验站核心区不同水位条件下的航拍照片（航测高度 200 m）

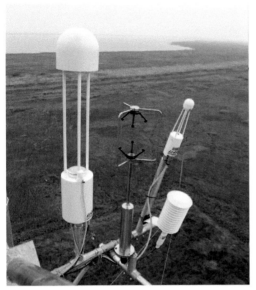

图 1-3　试验站核心区 CO_2/CH_4 通量观测系统

第 2 章
试验站核心区小气候特征

2.1 数据来源

气象数据来源于南矶湿地野外综合试验站核心观测区（以下简称场区）通量塔 LI-7500A 开路 CO_2/H_2O 分析仪集成的 HMP45C 温湿度传感器和 CSAT3 三维风速、风向传感器，设备架设高度约为 17.5 m（距地表垂直高度）。本章主要基于 2016 年的观测数据（受仪器故障影响，存在少部分数据缺失的问题），分析了气温、降水、湿度、蒸发、气压、风、光照和土壤温湿度的变化特征。

2.2 气温

2.2.1 平均温度

（1）年平均气温

场区 2016 年年平均气温为 24.1 ℃，其中日间年均温 24.3 ℃，夜间年均温 23.9 ℃（图 2-1）。

（2）月平均气温

场区 2016 年各月平均气温变化范围是 8.7～35.1 ℃，其中 1 月最低，7 月最高。

（3）气温月较差

气温月较差是指每月最热日和最冷日之间日平均气温之差。场区 2016 年气温月较差范围为 15.6～28.3 ℃。

（4）气温日变化

气温的日变化是指气温的逐时变化。一般情况下，一日之中气温的最高值出现在中午 12—14 时，气温的最低值则出现在早晨 05—07 时。一日中气温的最高值与最低值之差，称为气温日较差。2016 年，场区气温平均日较差为 0.4～18.4 ℃。春季（3—5 月）气温平均日较差为 1.57～18.43 ℃，夏季（6—8 月）气温平均日较差为 1.14～13.28 ℃，秋季（9—11 月）气温平均日较差为 1.59～13.17 ℃，冬季（12 月至翌年 2 月）气温平均日较差为 0.43～14.84 ℃。

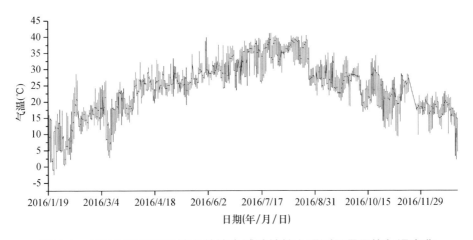

图 2-1　2016 年南矶湿地野外综合试验站核心观测区日平均气温变化

2.2.2　最高温度

（1）月平均最高气温

月最高气温是指各月的日最高气温的平均值。场区 2016 年月平均最高气温为 32.7 ℃。

（2）极端最高气温

2016 年，场区极端最高气温为 41.2 ℃，出现于 7 月 25 日。

（3）月日最高气温≥35 ℃日数

2016 年，场区月日最高气温≥35 ℃日数为 70 天，出现于 6—9 月，日最高气温≥35 ℃最长连续日数为 58 天（6 月 29 日至 8 月 26 日）。

2.2.3　最低温度

（1）月平均最低气温

月平均最低气温是指各月的日最低气温的平均值。场区 2016 年月平均最低气温为 12.5 ℃。

（2）极端最低气温

2016 年，场区极端最低气温为 -2.4 ℃，出现于 1 月 24 日。

（3）月日最低气温≤0 ℃日数

2016 年，场区月日最低气温≤0 ℃日数不少于 3 天，出现于 1 月，日最低气温≤0 ℃最长连续日数为 2 天。

2.2.4　积温

积温是指在一定时期内，每日的平均温度或符合特定要求的日平均温度累积的和，是衡量作物生长季长短的标志。日均温 5 ℃是最常用的统计界限温度。场区 2016 年各月日平均气温≥5 ℃的积温为 200～1095 ℃·d，全年约为 8474 ℃·d。7 月份最多，1 月份最少。

2.3　降水

2.3.1　降水量

场区地处东亚季风气候区，降水资源较为丰富。2016 年场区月降水量变化为 19～269 mm，最大降水量出现在 5 月，最小降水量出现在 8 月。四季降水量分配不均，春季（3—5 月）降水量为 549.4 mm，夏季（6—8 月）降水量为 330.3 mm，秋季（9—11 月）降水量为 153.5 mm，冬季（12 月至翌年 2 月）降水量为 80.6 mm。春、夏季降水量显著大于秋、冬两季，约占全年的 79%（图 2-2）。

2.3.2　降水日数

（1）月降水日数

降水日数是指日降水量≥0.1 mm 的天数。2016 年，场区全年降水日数为 168 天，月平均降水日数为 14 天，降水日数最多的月份为 6 月，降水日数最少的月份为 8 月。

（2）最长连续降水日数

2016 年，场区最长连续降水日数为 18 天，出现于 5 月 24 日—6 月 10 日。

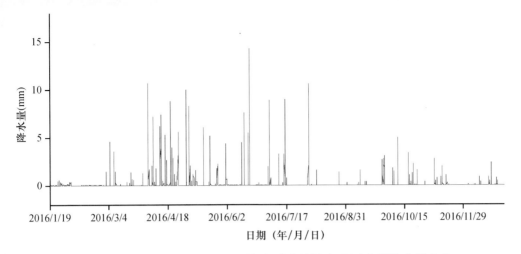

图 2-2　2016 年南矶湿地野外综合试验站核心观测区日降水量变化

（3）最长连续无降水日数

2016 年，场区最长连续降水日数为 16 天，出现于 8 月 10—25 日。

（4）暴雨日数

暴雨日数是指日降水量 ≥50 mm 的天数。2016 年，场区暴雨日数为 2 天，分别出现在 5 月 25 日和 7 月 23 日。

2.4　湿度与蒸发

2.4.1　湿度

（1）露点温度

露点温度指空气在水汽含量和气压都不改变的条件下，冷却到饱和时的温度，即空气中的水蒸气变为露珠时的温度。2016 年内，场区器测平均露点温度为 16.6 ℃，最高为 28.9 ℃（图 2-3）。

（2）比湿

比湿是一团由干空气和水汽组成的湿空气中的水汽质量与湿空气的总质量之比。2016 年，场区最大比湿约为 25 g/kg（图 2-3）。

（3）相对湿度

相对湿度是指空气中水汽压与饱和水汽压的百分比。2016 年，场区平均相对湿度最高为 74.8%，最低为 6.15%（图 2-4）。

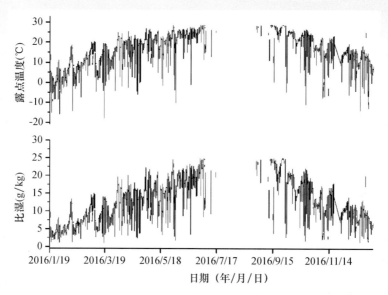

图 2-3　2016 年南矶湿地野外综合试验站核心观测区日空气露点温度和比湿变化

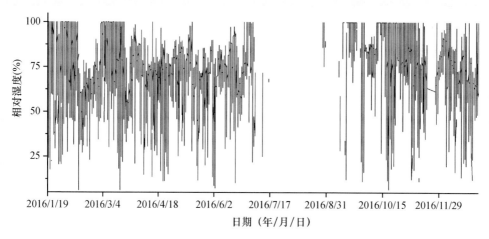

图 2-4　2016 年南矶湿地野外综合试验站核心观测区日空气相对湿度变化

2.4.2　蒸发

（1）显热

显热主要表现在由于空气干球温度的变化而发生的热量转移。在枯水期，场区空气中水汽相对较少，水域面积较小，显热通量较大。而丰水期情况则相反。场区显热通量的变化范围为 $-2400 \sim 4800$ W/m^2（图 2-5）。

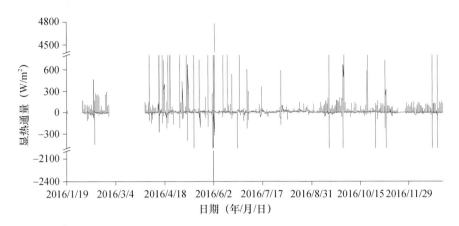

图 2-5　2016 年南矶湿地野外综合试验站核心观测区日显热通量变化

（2）潜热

潜热是相变潜热的简称，指单位质量的物质在等温等压情况下，从一个相变化到另一个相吸收或放出的热量，潜热发生在水分从液相向气相的转变过程中，因此与蒸散发关系密切。

（3）蒸散发

蒸散发是指地面上植物的叶面散发（蒸腾）与植株间土壤水分蒸发量之和。场区潜热通量变化范围为 −9000～15000 W/m^2，记录到的最大蒸散发值为 22 mm（图 2-6）。

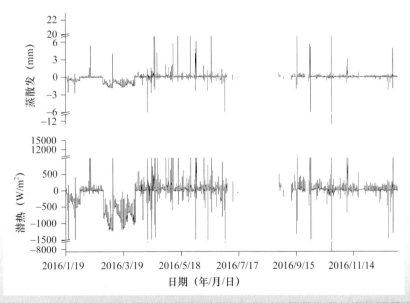

图 2-6　2016 年南矶湿地野外综合试验站核心观测区日蒸散发与潜热通量变化

2.5 气压与风

2.5.1 气压

（1）月（季）平均气压

2016 年，场区的月平均气压最高为 1016.7 hPa，最低为 1005.28 hPa。春季平均气压为 1010.4 hPa，夏季平均气压为 1006.8 hPa，秋季平均气压为 1009.2 hPa，冬季平均气压为 1014.3 hPa（图 2-7）。

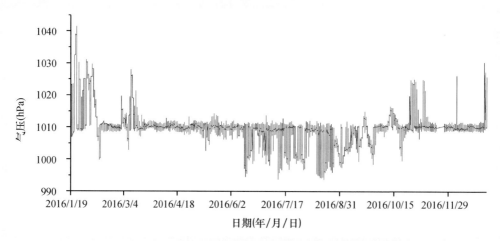

图 2-7　2016 年南矶湿地野外综合试验站核心观测区气压变化

（2）最高（低）气压

2016 年，场区的最高气压为 1041.5 hPa，出现于 1 月。最低气压为 993.6 hPa，出现于 8 月。

2.5.2 风向

场区冬季盛行偏北风，夏季盛行偏南风。由于受到大范围的空气流动以及局部地形地貌影响，2、3、5、6 月风向变动较多，1、4、9 月静风频率较高（图 2-8）。

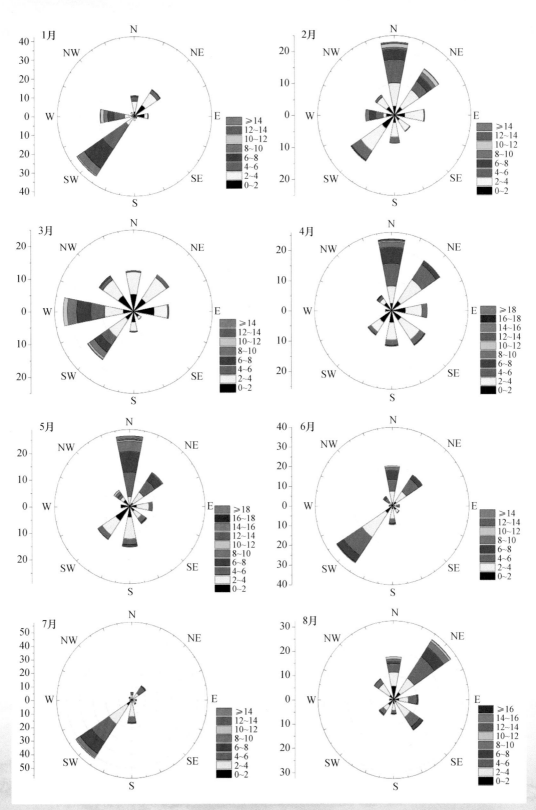

图 2-8　2016 年南矶湿地野外综合试验站核心观测区各月风向、风速（m/s）变化

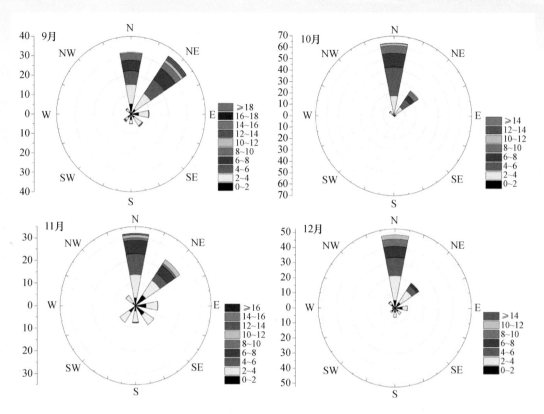

图 2-8（续） 2016 年南矶湿地野外综合试验站核心观测区各月风向、风速（m/s）变化

2.5.3 风速

（1）月（季）平均风速

2016 年，场区月平均风速为 3.3～5.1 m/s，最大平均风速出现在 10 月，最小平均风速出现在 3 月。春、夏、秋、冬四季平均风速依次为 3.6、4.0、4.3、3.9 m/s。

（2）月最大风速

2016 年，场区月最大风速为 30.2 m/s，出现于 10 月。

2.6　光照

（1）月（季）净辐射

由天空（包括太阳和大气）向下投射的和由地表（包括土壤、植物、水面）向上投射的全波段辐射量之差称为净全辐射（简称净辐射）。2016 年，场区每半小时净辐射平均值为 102.4 W/m²，最大值为 989.5 W/m²。场区月太阳辐射总量为 1725.6～9402.8 W/m²，最大月份为 8 月，最小月份为 1 月，春季太阳辐射总量约为 4447 W/m²，夏季太阳辐射总量约为 8298 W/m²，秋季太阳辐射总量约为 3836 W/m²，冬季太阳辐射总量约为 2289 W/m² （图 2-9）。

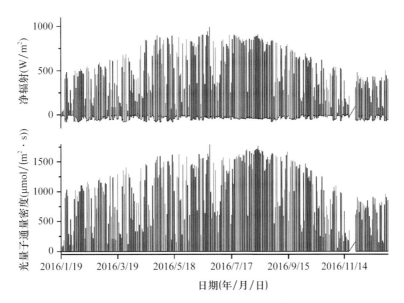

图 2-9　2016 年南矶湿地野外综合试验站核心观测区日净辐射和光合有效辐射变化

（2）光合有效辐射

绿色植物进行光合作用过程中，吸收的太阳辐射中使叶绿素分子呈激发状态的那部分光谱能量被称为光合有效辐射（Photosynthetic Active Radiation, PAR），涡度相关系统中可以用光量子通量密度（Photosynthetic Photon Flux Density, PPFD，指光合有效辐射中的光通量密度，它表示单位时间单位面积上在 400～700 nm 波长范围内入射的光量子数）来表示。2016 年，场区月平均光合有效辐射为 112.4～446.9 µmol/（m²·s），最大值为 1789.1 µmol/（m²·s）（图 2-9）。

2.7　土壤温湿度

（1）土壤温度

场区土壤温湿度的传感器埋深为 20、40、60 cm。其中，地下 20 cm 的土层刚好位于场区优势植被群落——苔草群落的根系密集区，其温度的变化对植被生态系统的影响最为重要。监测发现，土壤温度较气温高，2016 年年变化范围为 6.37～28.43 ℃。最低温度出现于 1 月,最高温度出现于 8 月(图 2-10)。

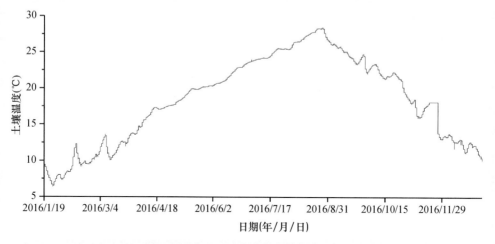

图 2-10　2016 年南矶湿地野外综合试验站核心观测区日土壤温度 (20 cm) 变化

（2）土壤水分

土壤含水量是指单位体积土壤中水分的体积。2016 年场区土壤含水量变化不大，集中在 51.2%～53.1%，其中 8 月土壤含水量最高，冬季含水量最低且变动较大。

第3章
试验站核心区水位特征

3.1 数据来源

南矶湿地野外综合试验站核心观测区水位计包括地下水位计 1 个、地表水位计 1 个。地下水位计型号为 U20-001-02，可测量水深和温度两个参数，范围分别为：0～30 m(0～207 kPa)和 -20～+50 ℃。地下水位计安装在深 12 m、直径 110 cm 的井中，水位计安装在井深 9.5 m 处（图 3-1a）。地表水位计安装在距离塔基座 1 m 左右，水位计放在插入地表中的一根 PVC 管中，其中地上部分管高 104 cm（图 3-1b）。由于地表水位波动剧烈，为防止地面软泥

图 3-1　试验站水位计安装位置示意图

淤堵水位计，水位计安装位置距离地表24 cm。地表水位计为CTD水位传感器（美国），可测量水深、电导率、温度三个参数，范围分别为：0～10 m、0～120 (dS/m)、-11～49 ℃，测量时间间隔为5分钟。由于地下水位计安装时间晚于地表水位计，故本章中地表水位数据时间序列为2016-3-27至2018-3-1；地下水位数据时间序列为：2017-1-7至2018-3-1。受仪器故障影响，存在少部分数据缺失问题。

3.2 地表水位变化

由图3-2看出，2016年地表水位值（地面实际水深）在3月之后呈上升趋势，到5月达到3 m左右，之后5—6月水位值变化不大；7月以后又呈显著上升趋势，7月10日左右达到最大值，为6.89 m；之后逐渐下降，到9月9日达到0.27 m，至次年3月水位值变化不大，在0 m左右浮动（图3-2）。与2016年不同，2017年地表水位在3月只有轻微上涨，到4月底又开始下降，直到5月底之后开始逐步上升，7月达到峰值。之后水位值迅速下降，8月底水位降到1 m之下，之后水位值基本不变。与2016年相比，2017年最大水位值下降较为迅速，但是水位低值比2016年稍大（图3-3）。

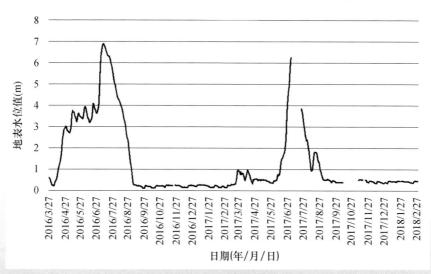

图3-2 试验站核心观测区地表水位日变化特征（2016年3月至2018年3月）

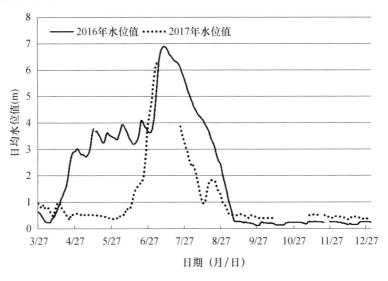

图 3-3　2016 年和 2017 年相同时期地表水位值日变化比较

3.3　地表水温度变化

通过对地表水温度统计分析可知，2016 年和 2017 年地表水温度变化基本一致（图 3-4）。地表水温度从 3 月开始持续上升，7 月底达到最大值，为 37 ℃左右；之后逐渐下降，到次年 2 月底达到最低值；之后又呈上升趋势。结合区域大气温度值分析，表明地表水位温度值变化情况基本与大气温度变化一致。

(a) 日地表水温度值变化特征

图 3-4　试验站核心观测区地表水温度日变化特征

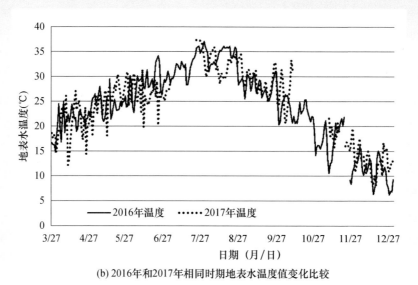

(b) 2016年和2017年相同时期地表水温度值变化比较

图 3-4（续） 试验站核心观测区地表水温度日变化特征

3.4 地表水电导率变化

通过对地表水电导率统计分析可知（图 3-5），2016 年地表水电导率从 3 月后持续上升，一直到 6 月中旬；之后至 8 月初电导率值变化不大，均值约为 0.7 dS/m；之后显著下降，9 月达到低值；随后浮动上升到 10 月底，一直到次年 2 月底电导率值基本小于 0.2 dS/m。结合温度值分析，表明电导率值随温度升高而升高，两者呈正相关。2017 年地表水电导率变化趋势与 2016 年稍

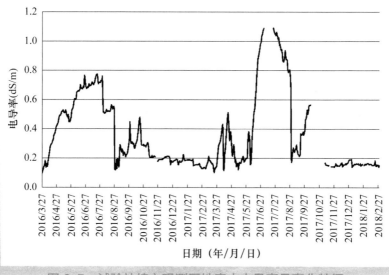

图 3-5 试验站核心观测区地表水电导率日变化特征

有不同，2017 年电导率在 3 月下旬到 4 月下旬有个显著上升阶段，之后迅速下降，直到 6 月初开始上升，7 月达到最大值，之后缓慢下降，至 9 月初达到低值，之后又呈轻微上升趋势。分析可知，电导率除受温度因素影响显著外，还与水位值呈正相关，2016 年和 2017 年电导率与地表水位值相关系数达到 0.6 以上（图 3-6）。

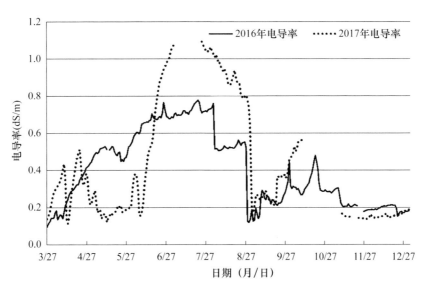

图 3-6　2016 年和 2017 年相同时期地表水电导率值日变化比较

3.5　地下水位变化

图 3-7 表明，试验站核心观测区地下水位（水面到水位计探头的距离）呈波动变化，水位值变化范围为 8.16～15.14 m，最大值出现在 2017-7-6，最小值出现在 2018-2-18。地下水位埋深均值为 0.02 m。

结合 2017 年分析月均地下水位值变化特征可知（图 3-8），1—5 月水位值较小，其中 4 月水位均值较其他四个月份大。地下水位值从 3 月中旬至 5 月中旬有一个轻微波动过程，其中 3 月中旬至 4 月中旬水位值逐渐上升，之后逐渐下降，此变化主要是由试验站区春季降雨较多引起；6—8 月水位值较大，最大值出现在 7 月。之后水位值逐渐下降，9 月底水位降到 9 m 以下；10—12 月水位值较小，月均值为 8.61 m。地下水埋深最大值为 1.34 m，出现在 2018 年 2 月中下旬；0 值分别出现在 4 月中旬及 8 月底；此外，地下水埋深分别在 3 月底至 4 月中旬及 6 月中旬至 8 月底出现负值, 最小值达 -6 m 左右, 出现在 7 月初。根据地下水位计的测量原理, 表明在这两个时间段, 地表有明显积水。参考同时期地表水位值, 可以证实此结论。并且 7 月地表水位值较大, 此时地下水位计测量的水位值为井下水深及地表水深之和 (图 3-8)。

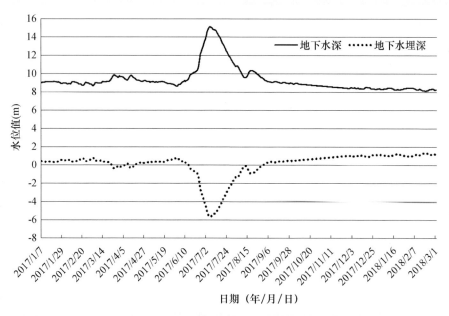

图 3-7　试验站核心观测区逐日地下水位值及地下水埋深变化特征

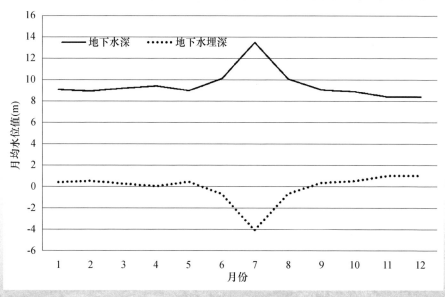

图 3-8　试验站核心观测区月均地下水位值和地下水埋深变化特征

3.6　地下水温度变化特征

图 3-9 表明，地下水温值变化幅度较小，温度变化范围为 18.3～18.9 ℃，变化幅度约 0.5 ℃。最大值出现在 1 月底，最小值出现在 6—7 月。分析可知，1 月试验站区处于枯水期，地表无明显积水，水位计位于相对较浅位置，水温较高；而 6—7 月试验站区地表积水较深，水位计处于水面之下较低位置，水温较低。

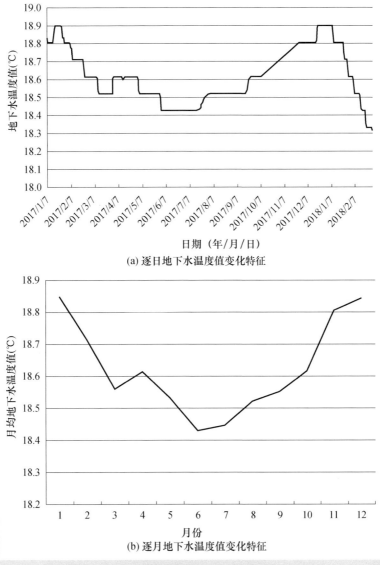

(a) 逐日地下水温度值变化特征

(b) 逐月地下水温度值变化特征

图 3-9　试验站核心观测区地下水温度变化特征

3.7 地表水位值与地下水位值的关系

图 3-10 可知，地表水位和地下水位变化趋势一致，相关关系显著，相关系数达 0.88（$P < 0.01$），见图 3-10b。地表水温与地下水温变化特征有显著差异（图 3-11），地表水温随季节变化而变化，而地下水温度值介于 18 ℃和 19 ℃之间，变幅小于 0.5 ℃。

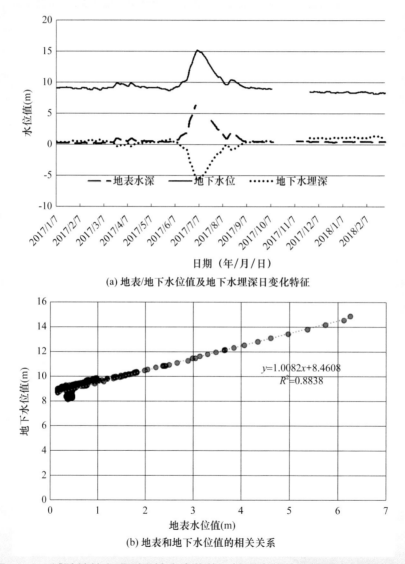

(a) 地表/地下水位值及地下水埋深日变化特征

(b) 地表和地下水位值的相关关系

图 3-10　试验站核心观测区地表水位值、地下水位值及地下水埋深的关系

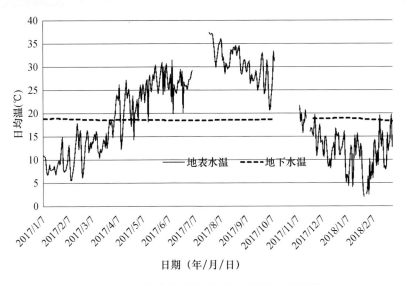

图 3-11　地表水温与地下水温日变化特征

第 4 章
试验站核心区水质特征

4.1 样品采集与测试

4.1.1 水样采集

水样采样地点为石湖、东湖、白沙湖、常湖和战备湖，采集时间为2015—2017 年，分别是 2015 年 9 月、2016 年 5 月初、2016 年 11 月、2017年 4 月。涵盖鄱阳湖丰水期和枯水期，丰水期湖区水面比较稳定，此时研究区水面与鄱阳湖大湖面连为一体。枯水期湿地基本干涸，研究区成为独立水体，与鄱阳湖大湖失去水力联系。不同时期数据对比可以全面反映野外台站区域水质状况。其中，2015 年 9 月为单点采样，在上述湖泊各采 1 个水样，其余 3 次为多点采样。2016 年 5 月采集 18 个点的水样，根据水深情况分层采样，共 44 个水样；2016 年 11 月采集 10 个点的水样，除一个点分两层采样外，其余均未分层，共 11 个水样；2017 年 4 月采集 14 个水样（未分层）。2016年 5 月初采集水样时湖水水量很大，湖面基本连成一体，可认为是丰水期数据；其余两次采样时湖水水量较少，湖体边界出露，可认为是枯水期数据。

为了尽可能保证所取样品的代表性，湖水的取样深度大约位于水面以下0.5 m 处（流动水体），根据具体水深情况分层采样。采样时尽量选择较清澈的水体，防止人为引起的固体悬浮物对实验数据造成误差。所有水样采集之后装入 250 mL 水样瓶中，装满并放入保温箱中，以防止光和温度对水质参数造成影响。同时水样中加入强酸（浓硫酸）调节水样 pH 值，可使待测组分处于稳定状态。

4.1.2 测试指标和方法

水质测定指标主要包括总氮、总磷、硝酸盐、氨氮、COD、溶解氧、蓝绿藻、叶绿素 a、浊度、温度、pH、电导率、盐度、水体透明度等，以反映试验站地区水质状况。其中溶解氧、蓝绿藻、叶绿素 a、浊度、温度、pH、电导率、盐度等参数在采集水样时用 YSI 测定；总氮、总磷、硝酸盐、氨氮等元素用 SC200 测定；水体透明度用液体透明度测定管进行测量。

在天然水和废水中，磷几乎都以各种磷酸盐的形式存在，一般天然水中磷酸盐含量不高，而化肥、冶炼、合成洗涤剂等行业的工业废水和生活污水中含有大量的磷。磷是生物生长必需的元素，但如果水体中磷含量过高，可造成藻类过度繁殖，甚至达到数量上有害的地步（即富营养化），造成水体透明度降低，水质变坏，所以磷是评价水质的重要指标。氮也是植物所必需的营养元素，水体中氮营养元素主要以可溶性氮（NH_4^+-N、NO_3^--N、NO_2^--N）的形式存在。其中 NO_3^--N 是最稳定的含氮化合物，也是含氮有机物经无机化作用最终的产物，NO_3^--N 主要来源于农业化肥及城市污水。水体中 NH_4^+-N 主要是生活污水中含氮有机物受微生物作用后的分解产物，一些工业废水也是 NH_4^+-N 的主要来源，NH_4^+-N 是对水质影响最大的营养盐。水体透明度是指水样的澄清程度，洁净的水是透明的，水中存在悬浮物和胶体时，透明度便降低。水中悬浮物越多，其透明度就越低。叶绿素 a 是湖泊水质的重要指标，其浓度是表征湖泊富营养化程度的重要参数，当水体中叶绿素 a 浓度达到 8 μg/L 时，即可发生富营养化。

4.2 结果分析

通过采样现场测定及实验室分析，四次水样测试结果见表 4-1。pH 值表明试验站区水体为弱碱性，随采样时间不同而稍有差异。叶绿素 a 值为 5～7 μg/L，藻蓝素为 1600～2600 c/mL，化学需氧量约为 4 mg/L，水体透明度为 25～28 cm，固体悬浮颗粒小于 0.1 g/L，盐度为 0.05～0.07，浊度值为 10～17，电导率介于 96～100 μS/cm。

表 4-1　四次采样水质指标分析结果

采样编号	第1次采样	第2次采样	第3次采样	第4次采样
温度，℃	15.91	22.96	15.84	20.95
pH 值	7.64	7.6	7.75	7.53
总氮 (TN)，mg/L	1.89	1.7	1.33	1.3
总磷 (TP)，mg/L	0.05	0.05	0.05	0.06
硝态氮 (NO_3^--N)，mg/L	0.93	1.18	0.27	0.23
氨态氮 (NH_4^+-N)，mg/L	0.43	0.57	0.91	0.61
叶绿素 a(Chla)，μg/L	5.9	4.99	6.3	4.9
藻蓝素 (PC)，c/mL	1605	2559	2295	2219
溶解氧，ODO%	79.43	100.13	99.57	98.93
化学需氧量 (COD)，mg/L	4.14	3.87	4.4	4.36
水体透明度，cm	26	27	25	28
悬浮固体颗粒 (TDS)，g/L	0.078	0.066	0.068	0.067
盐度 (Sal)	0.058	0.07	0.06	0.053
浊度 (NTU)	16.5	16.4	10.8	13.5
电导率，μS/cm	99.3	97.8	96.8	99

　　由于四次采样中，第一次采样为单点采样，即在试验站区附近几个湖中各取一个点取样分析，其余三次采样为多点采样，因此对后三次采样做了多点变化趋势分析，结果表明，三次采样的氨氮含量均值分别为 0.57 mg/L、0.91 mg/L 和 0.67 mg/L，表现为丰水期氨氮值明显低于枯水期，但不同时期水体氨氮值均表现出较大的空间差异（图 4-1）。

　　三次采样的结果表明，水体总氮含量均值分别为 1.7 mg/L、1.33 mg/L 和 1.3 mg/L，介于Ⅳ类和Ⅴ类水质之间，其中，石湖、白沙湖和东湖的总氮含量均值分别为 1.63 mg/L、1.81 mg/L 和 1.98 mg/L，表现出一定的空间差异性（图 4-2）。

　　三次采样的总磷含量均值分别为 0.05 mg/L、0.05 mg/L 和 0.06 mg/L，其中，最大值为 0.12 mg/L，最小值为 0.02 mg/L，介于Ⅲ类和Ⅳ类水质之间（图 4-3）。总体上，参照《国家地表水环境质量标准》（GB3838-2012），试验站所处湖区水质总体属于Ⅲ类，个别点达到Ⅴ类，且枯水期水质较丰水期差。

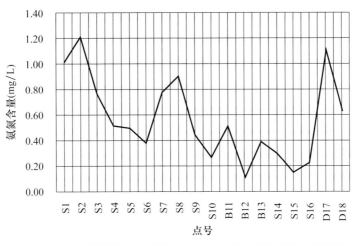

(a) 2016年5月水体氨氮空间分布特征 (S、B和D分别表示石湖、白沙湖和东湖)

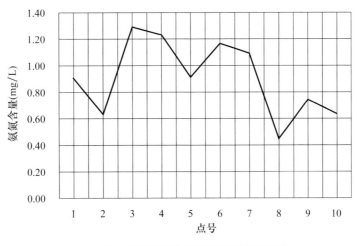

(b) 2016年11月水体氨氮空间分布特征

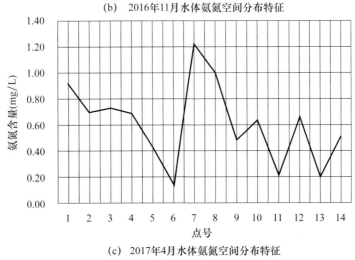

(c) 2017年4月水体氨氮空间分布特征

图 4-1　试验站不同时期水体氨氮含量值空间变化特征

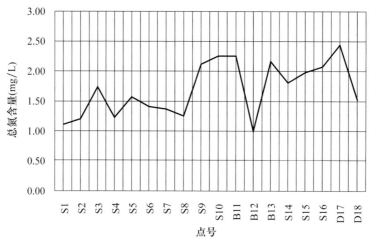

(a) 2016年5月水体总氮空间分布特征（S、B和D分别表示石湖、白沙湖和东湖）

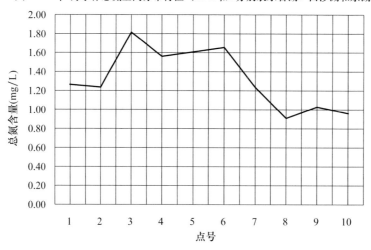

(b) 2016年11月水体总氮空间分布特征

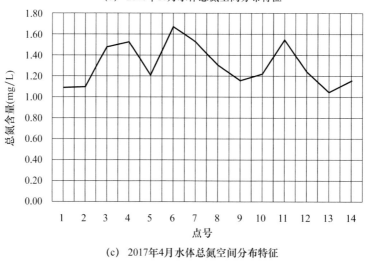

(c) 2017年4月水体总氮空间分布特征

图4-2 试验站不同时期水体总氮含量值空间变化特征

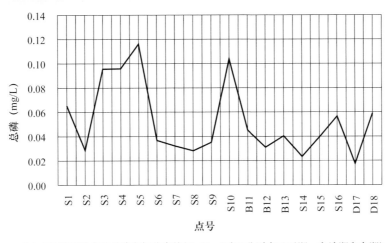

(a) 2016年5月水体总磷空间分布特征（S、B和D分别表示石湖、白沙湖和东湖）

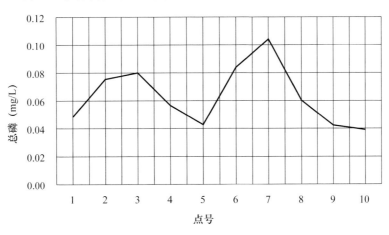

(b) 2016年11月水体总磷空间分布特征

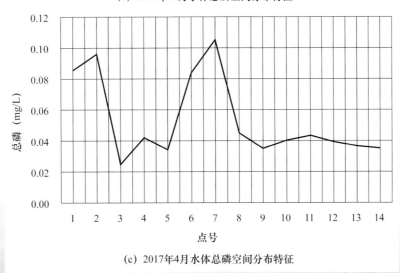

(c) 2017年4月水体总磷空间分布特征

图4-3 试验站不同时期总磷含量值空间变化特征

第 5 章
试验站核心区土壤理化性状

5.1 样品采集与分析

在试验站核心观测区，沿水位梯度按照不同植被类型（狗牙根、芦苇、荻、菰、苔草、蘋草和黑藻）不同土层深度（0～10 cm、10～30 cm、30～50 cm）采集土壤样品，以"S"型随机多点采样混合在一起作为一个重复，每个样品以"S"型随机多点采样混合，每个植物群落类型土壤样品采集 4～6 个重复。每个植被类型进行环刀采样，用于计算不同类型植被不同深度的土壤容重（蘋草和黑藻群落土壤分布在水面以下，环刀无法作业）。采集的土样（1000 g 左右）装于自封袋中带回实验室 −4 ℃保存待测。

采集的土壤样品分别测定土壤含水率、pH、粒径分布、全氮、全磷、微量元素（Al、Fe、Mn、Ba、Zn、Cu）、可溶性有机碳、矿质态氮（氨氮、硝氮）、有效磷。土壤 pH 通过 1∶2.5 电位法测定，土壤粒径分布利用 H_2O_2+HCl 去除样品中无机碳酸盐，通过 Mastersizer 2000 型激光粒度仪测定（测定范围 0.02～2000 μm）。土壤有机碳采用重铬酸钾氧化外加热法测定。全氮采用 EA3000 碳氮元素分析仪（EA3000，意大利欧唯特）测定。全磷采用钼锑抗比色法测定。土壤样品经 HNO_3+HF+HCl 高温消解，定容后的样品通过 ICP-AES 测定 Al、Fe、Mn、Ba、Zn、Cu 含量。新鲜土壤通过添加硝酸钾溶液，震荡离心过滤后，通过分光光度计测定可溶性有机碳含量。土壤氨氮和硝氮含量分别采用纳氏试剂比色法和紫外分光光度法测定。

5.2　土壤 pH

　　土壤酸度主要来自土壤中的腐殖质或有机质、硅铝酸盐黏粒、铁铝水合氧化物、交换性铝、可溶性盐类和二氧化碳。根据 pH 的大小，土壤酸碱度一般可以分为以下 7 级：极强酸性（pH < 4.5）、强酸性（pH 为 4.5～5.5）、弱酸性（pH 为 5.5～6.5）、中性（pH 为 6.5～7.5）、碱性（pH 为 7.5～8.5）、强碱性（pH 为 8.5～9.5）、极强碱性（pH > 9.5）。我国土壤 pH 大部分为 4.5～8.5，其中，西北和北方不少土壤 pH 大，南方红壤 pH 小，呈现"南酸北碱，沿海偏酸，内陆偏碱"的地带性特点，江西土壤 pH 平均约为 5.1。对试验站核心区土壤的 pH 测定结果表明，南矶山土壤样品 50 cm 深度范围内，pH 变化范围为 5.43～6.12，均值为 5.87，略高于江西土壤平均 pH 值，各剖面层土样表现为弱酸性，与以往研究结果相似（雷婷，2008）。

　　从 pH 的变化趋势可以看出，试验站核心区土壤 pH 随土壤深度的增加表现为上升趋势，但变幅不大。从不同植物群落类型土壤 pH 来看，不同植物群落类型的 pH 差异并不大，大小排序表现为藨草（6.00）>南荻（5.96）>菰（5.93）>黑藻（5.90）>狗牙根（5.88）>灰化苔草（5.76）>芦苇（5.68）（图 5-1）。

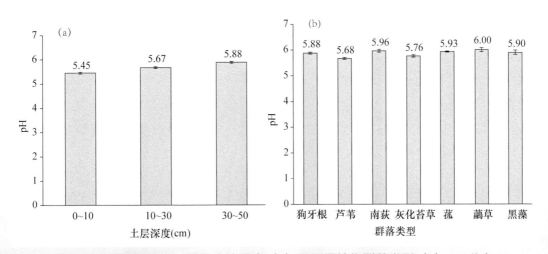

图 5-1　试验站核心区不同土壤深度（a）及不同植物群落类型（b）pH 分布

5.3 土壤容重

土壤容重是指土壤在未受到破坏的自然结构的情况下，单位体积中的重量，通常以 g/cm³ 表示。土壤容重的大小与土壤质地、结构、有机质含量、土壤紧实度、耕作措施等有关。砂土容重较大，黏土容重较小。一般腐殖质多的表层容重较小。耕作土壤中，耕层容重一般为 1.0～1.3 g/cm³，土层越深则容重越大，可达 1.4～1.6 g/cm³。沼泽土的潜育层容重可达 1.7～1.9 g/cm³ 或更大。

试验站核心区土壤容重变化范围是 0.96～1.87 g/cm³，均值为 1.52 g/cm³。不同植被类型土壤容重表现出一定的差异（图 5-2），狗牙根群落土壤容重与芦苇群落、菰群落表现出显著的差异，而南荻群落和灰化苔草群落土壤容重并未表现出显著的差异，但与菰群落土壤容重表现出显著的差异。对于不同植被群落土壤容重的大小而言，狗牙根群落土壤容重最高，平均为 1.69 g/cm³；菰群落土壤容重最小，平均为 1.17 g/cm³。通常认为有机质含量高且结构好的土壤容重介于 1.1～1.4 g/cm³，一般含矿物质多而结构差的土壤，土壤容积比重为 1.4～1.7。从不同类型群落土壤容重结果来看，除菰群落外，其他群落所在土壤结构相对较差（由于蒹草和黑藻群落土壤分布在水面下，环刀无法作业，故土壤容重未进行计算）。

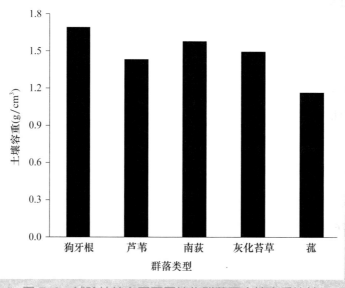

图 5-2　试验站核心区不同植物群落下土壤容重比较

从土壤容重的垂直分布结果来看，0~10 cm 土壤容重（1.29 g/cm³）与 10～30 cm 土壤容重（1.61 g/cm³）差异不显著，但显著低于 30～50 cm 土壤容重（2.12 g/cm³）（图 5-3）。总体而言，试验站核心区土壤容重随着深度的增加而显著升高，这表明随着深度的增加，土壤越来越紧实。

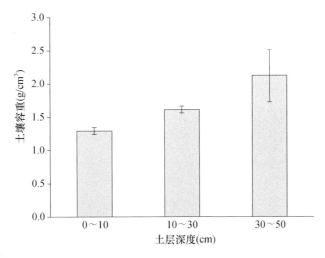

图 5-3　试验站核心区土壤剖面不同土层深度土壤容重分布

5.4　土壤粒径分布

土壤粒径分布特征主要与陆源颗粒物的粗细、搬运介质、水动力强弱、搬运方式等因素有关（王文博 等，2008）。总体而言，根据中国土壤质地分类标准，南矶山湿地土壤质地为粉质壤土，主要以粉砂为主（4～63 μm），平均比例可达 71.11%，其次为黏土（< 4 μm），比例达 24.37%，砂粒含量最小（> 63 μm），均值比例仅为 4.52%（图 5-4）。

不同类型群落土壤粒径分布均与整体分布一致，即以粉砂（4～63 μm）为主，黏土（< 4 μm）含量次之，砂粒（> 63 μm）含量最低（图 5-5）。具体而言，芦苇群落土壤的砂粒含量最低，均值比例仅为 2.91%；狗牙根的砂粒含量最高，均值比例可达 9.39%。狗牙根群落土壤的粉砂含量最高，均值比例可达 76.35%；藨草群落土壤的粉砂含量最低，均值比例为 61.53%。藨草群落土壤的黏土含量最高，均值比例可达 35.56%，而狗牙根的黏土含量最低，均值比例仅为 14.26%。

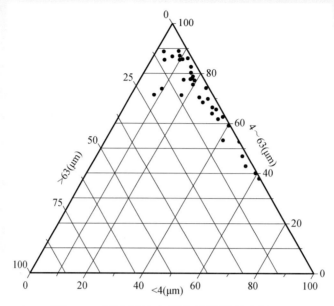

图 5-4　试验站核心区土壤粒径分布情况

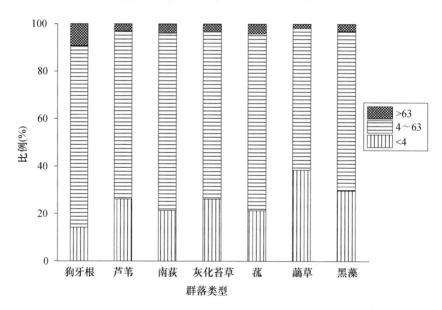

图 5-5　试验站核心区不同群落类型土壤粒径分布（单位：μm）

从土壤粒径垂直分布来看，随着深度的增加，土壤黏土的比例在降低，由表层（0～10 cm）的 34.08% 下降到第三层（30～50 cm）的 16.80%；而粉砂的比例在逐渐增加，由表层（0～10 cm）的 62.17% 增加到第三层（30～50 cm）的 78.25%；砂粒含量在表层（0～10 cm）比例最低，仅为 3.65%，但随着深度的增加比例逐渐增大，但 10～30 cm 深度和 30～50 cm 深度间的比例差异并不明显（图 5-6）。

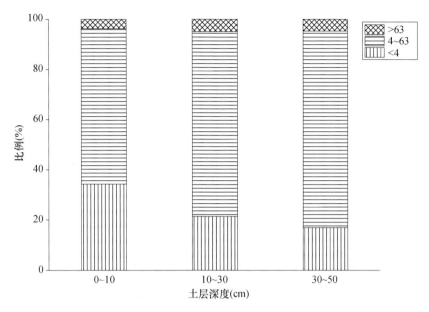

图 5-6 试验站核心区土壤粒径垂直分布（单位：μm）

5.5 土壤有机碳、全氮、全磷分布

5.5.1 土壤有机碳

0~10 cm、10~30 cm 和 30~50 cm 土层有机碳含量变化范围分别为 7.37~51.41 mg/g、2.11~25.28 mg/g 和 1.86~14.71 mg/g（图 5-7）。土层与群落 类型均显著影响土壤有机碳含量。总体上，土壤有机碳自表层向下急剧降低。 7 种植物群落土壤有机碳平均含量表现为：菰＞灰化苔草＞南荻＞藨草＞芦 苇＞狗牙根＞黑藻。土壤有机碳含量主要取决于地表枯枝落叶与地下根系的 输入，以及有机碳的分解输出。菰、南荻和芦苇同属于大型挺水植物，但 菰的土壤有机碳含量达到南荻与芦苇群落的 2 倍。这主要是由于芦苇和南 荻分布于地势较高的地方，土壤季节性淹水，而菰则常年处于淹水状态。

试验站核心区土壤有机碳含量与东北三江沼泽湿地、青藏高原高寒湿地 相比较明显偏低（张文菊 等，2004；高俊琴 等，2010），主要是因为鄱阳湖 湿地位于中亚热带地区，年均温度近 18℃，土壤有机碳分解速率快；此外， 还可能因为鄱阳湖作为通江湖泊，每年丰水期时草洲淹没、枯水期时草洲出露，频繁的干湿交替导致土壤中可溶性碳随着地表、地下径流而发生迁移、流失，从而影响到土壤中总有机碳含量（吴琴 等，2012）。

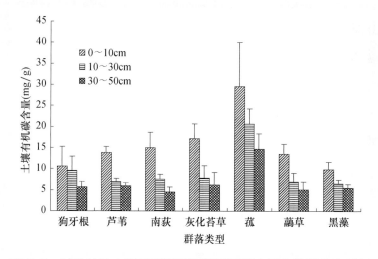

图 5-7　试验站核心观测区不同群落类型下土壤有机碳分布特征

5.5.2　土壤全氮

0～10 cm、10～30 cm 和 30～50 cm 土层全氮含量变化范围分别为 0.58～2.54 mg/g、0.35～1.89 mg/g 和 0.25～1.13 mg/g（图 5-8）。土壤全氮与有机碳分布类似，不同群落间表现为：菰＞灰化苔草＞南荻＞藜草＞黑藻＞芦苇＞狗牙根。此外，表层 0～10 cm 全氮含量显著高于 10～30 cm 和 30～50 cm 土层。土壤全氮与土壤有机碳之间呈极显著正相关关系（$r=0.96$，$P < 0.01$）。

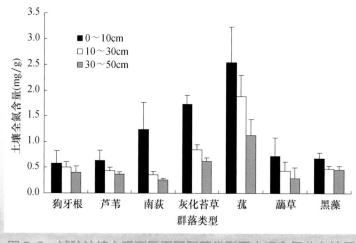

图 5-8　试验站核心观测区不同群落类型下土壤全氮分布特征

5.5.3 土壤全磷

0～10 cm、10～30 cm 和 30～50 cm 土层全磷含量变化范围分别为 0.61～1.13 mg/g、0.28～0.90 mg/g 和 0.21～0.91 mg/g，7 种群落间以茭群落土壤全磷含量最高，藜草群落最低（图 5-9）。与有机碳和全氮相比较，不同群落间土壤全磷含量变异系数相对较低，以表层 0～10 cm 为例，全磷含量变异系数为 21.6%，而相同土层有机碳、全氮的变异系数分别为 47.4% 和 63.6%。土壤全磷含量与有机碳和全氮含量之间均呈显著正相关关系（r=0.85, 0.81, P < 0.01）。

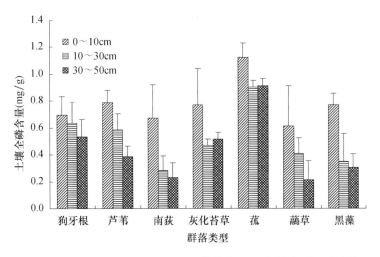

图 5-9　试验站核心观测区不同群落类型下土壤全磷分布特征

5.6　土壤金属元素分布

5.6.1　土壤金属元素含量及分布特征

总体而言，试验站核心区所调查土壤金属元素含量大小排序为：Al > Fe > Ba > Mn > Zn > Cu，与江西省土壤背景值金属元素丰度变化一致（表 5-1）。所调查元素中，除 Cu 略低于江西土壤背景值外，其余调查元素均明显高于江西省土壤背景值。变异系数是反映数据离散程度的绝对值，其值主要受变量值离散程度及平均水平大小的影响，变异系数的计算结果显示，Cu 的离散程度最大（51.95%），而 Ba 的离散程度最小（22.01%）。与以往研究相比，试验站核心区土壤中 Zn 和 Cu 含量均相对较低（弓晓峰 等，2006；简敏菲 等，2015）。

表 5-1 南矶山湿地土壤金属元素含量

	Al(%)	Fe(%)	Mn(mg/kg)	Ba(mg/kg)	Zn(mg/kg)	Cu(mg/kg)
均值	8.75	3.10	351.50	385.35	105.27	12.80
标准差	3.12	0.85	152.58	84.83	47.79	6.65
变异系数（%）	35.66	27.42	43.41	22.01	45.40	51.95
最小值	12.15	4.71	48.11	19.80	18.36	8.68
最大值	1.77	1.25	615.58	450.93	199.86	30.15
江西省背景值	8.60	2.88	328	345	69.4	20.3

Al 和 Fe 是地壳中含量最高的金属元素，故一般土壤中都含有足量的 Al 和 Fe 供植物生长需要。从图 5-10 可以看出，试验站核心区不同植被类型土壤 Al 和 Fe 含量特征大致相似，除狗牙根群落土壤中 Al 和 Fe 含量显著低于其他群落相应含量外，其他群落土壤 Al 和 Fe 含量均未表现出显著的差异，距水面越远，土壤中 Al 和 Fe 的含量越低。具体而言，不同植被类型土壤 Al 含量表现为：灰化苔草（11.03%）＞芦苇（10.47%）＞南荻（10.08%）＞蘱草（10.06%）＞黑藻（9.26%）＞菰（9.12%）＞狗牙根（2.35%），不同植被类型土壤 Fe 含量表现为：芦苇（3.94%）＞灰化苔草（3.69%）＞蘱草（3.55%）＞黑藻（3.31%）＞菰（3.02%）＞南荻（2.9%）＞狗牙根（1.70%）。

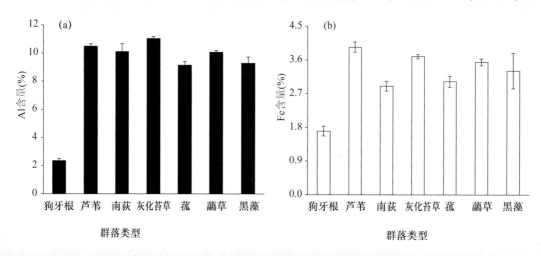

图 5-10 试验站核心区不同植物群落类型下土壤 Al（a）和 Fe（b）含量

Mn 为典型的氧化还原敏感性元素，对其他微量元素的地球化学循环起到一定的控制作用，是反映湖泊氧化还原条件和突发性气候事件的重要指标（瞿文川 等,1996）。Ba 在自然界主要以化合物的形式存在于地壳中(张军方 等,

2012)。从不同植被类型土壤 Mn 和 Ba 的含量来看（图 5-11），狗牙根群落土壤中的 Mn 和 Ba 含量同样最低，分别为 73.05 mg/kg 和 19.90 mg/kg。尤其是狗牙根群落土壤中的 Ba 含量仅为其他群落土壤 Ba 含量的 1/20。随着距水面距离的减少，土壤中 Mn 含量并未表现出明显的趋势，其中蘺草群落土壤 Mn 的含量最高(472.42 mg/kg)；但土壤中 Ba 的含量在芦苇、南荻、灰化苔草、菰、蘺草和黑藻中的差异并不显著。

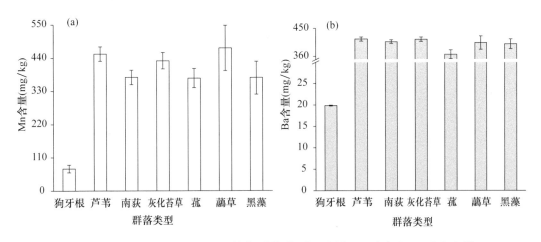

图 5-11　试验站核心区不同植物群落类型下土壤 Mn (a) 和 Ba (b) 含量

Zn 和 Cu 是生物生长发育不可或缺的元素，但过量的 Zn 和 Cu 的存在也会对环境造成一定的影响。试验站核心区湿地不同植被类型土壤 Zn 和 Cu 含量表现出显著的差异（图 5-12）。同样地，狗牙根群落土壤 Zn 和 Cu 的含量仍显著低于其他群落对应的元素含量。而且狗牙根群落土壤中 Cu 由于含量较低，低于仪器（ICP-OES）的检出限，未能获得有效数据。灰化苔草群落中的 Zn 含量最高（138.45 mg/kg），而南荻群落土壤中 Cu 的含量最高(17.49 mg/kg)。具体而言，试验站核心区不同群落土壤 Zn 含量排序为：灰化苔草＞芦苇（136.54 mg/kg）＞黑藻（120.01 mg/kg）＞蘺草（103.21 mg/kg）＞菰（98.33 mg/kg）＞南荻（97.74 mg/kg）＞狗牙根，Cu 含量排序为：南荻＞黑藻（14.62 mg/kg）＞菰（12.91 mg/kg）＞芦苇（11.98 mg/kg）＞灰化苔草（11.76 mg/kg）＞蘺草（9.46 mg/kg）。一些学者对南矶山湿地土壤 Zn 和 Cu 的分析研究，大多关注 Zn 和 Cu 的含量特征及富集状况。通过对比发现，试验站核心区土壤中 Zn 和 Cu 含量均明显低于以往研究的结果（弓晓峰 等，2006），这表明南矶山湿地自然保护区的建立对环境中重金属元素的富集有明显的改善。

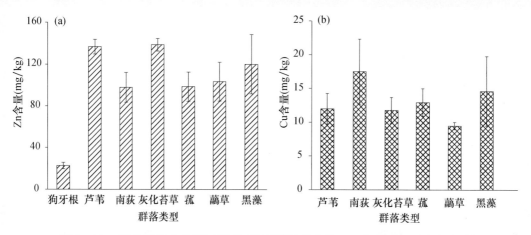

图 5-12　试验站核心区不同植物群落类型下土壤 Zn（a）和 Cu（b）含量

　　如果不同植被类型代表不同的水分梯度（淹水状况），那么土壤中所调查金属元素含量并没有随着水分梯度的变化表现出明显的趋势，这可能是由于这些金属元素参与生物地球化学循环，不同植物对不同金属元素吸收的机制不同，导致土壤金属元素并未表现出一致的规律。所以需要在以后的工作中以土壤—植物作为一个基本单元进行分析。从以上分析可以发现，狗牙根群落土壤中的金属元素含量均显著低于其他群落相应金属含量。季节性淹水会促使土壤重金属的形态发生变化，从而改变金属元素的生物地球化学循环。狗牙根群落是距水面最远的一个植物群落，季节性淹水的作用较小，可能是土壤中金属元素含量较少的原因之一，但具体作用机制还需要深入分析。

　　从土壤金属元素 Al 和 Fe 的垂直分布结果来看，表层土壤（0～10 cm）中 Al 与 Fe 含量均值分别为 9.05% 和 3.31%，略微高于下面两层含量，但差异并不显著（图 5-13）。

　　试验站核心区土壤中金属元素 Mn 和 Ba 的垂直分布见图 5-14，土壤中 Mn 含量的垂直分布与土壤 Fe 的垂直分布相似，而土壤中 Ba 含量的垂直分布与土壤 Al 的垂直分布相似，但土壤 Mn 和 Ba 在 0～10 cm、10～30 cm 和 30～50 cm 三层间并未表现出显著的差异。

　　不同于土壤中 Al、Fe、Mn 和 Cu 含量的垂直分布，表层土壤中 Zn 和

Cu 的含量分别为 125.40 mg/kg 和 13.28 mg/kg，且显著高于 10 ～ 30 cm 和 30 ～ 50 cm 两层土壤中 Zn 和 Cu 的含量（图 5-15），这表明试验站核心区湿地土壤中 Zn 和 Cu 含量呈现出显著的"表聚现象"。

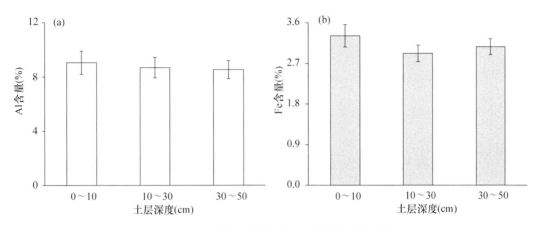

图 5-13　元素 Al（a）和 Fe（b）的垂直分布

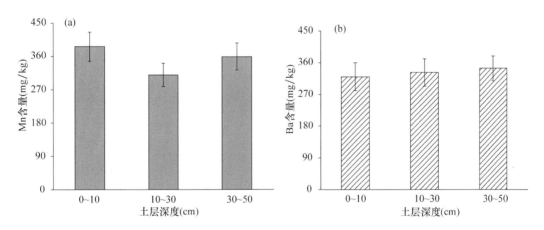

图 5-14　元素 Mn（a）和 Ba（b）的垂直分布

对试验站核心区湿地土壤各金属元素进行相关系数矩阵分析，结果见表 5-2。由表 5-2 可以得出，金属元素 Al、Fe、Mn、Zn 间存在极显著相关性（$p < 0.01$），Ba 与 Al、Fe、Mn 间也存在极显著相关性（$p < 0.01$），Ba 与 Zn 也存在显著相关性（$p < 0.05$），表现出这些金属元素具有相似的性质或者相近的来源。Al 和 Fe 通常被看作是土壤自然特性的指示元素，相关性结果表明，试验站核心区湿地土壤中 Al、Fe、Mn、Ba、Zn 在很大程度上受相似成土母质的影响。值得注意的是，土壤中 Cu 含量与 Zn 含量表现出极显著正相关（$p < 0.01$），与 Mn 含量也存在显著的正相关

（$p < 0.05$）。以往研究表明，南矶山湿地土壤中存在一定的 Cu 元素富集，主要受到人类活动的影响，所以这里我们推测试验站核心区湿地土壤中 Cu、Zn 和 Mn 在一定程度上可能受到人为源活动的影响。

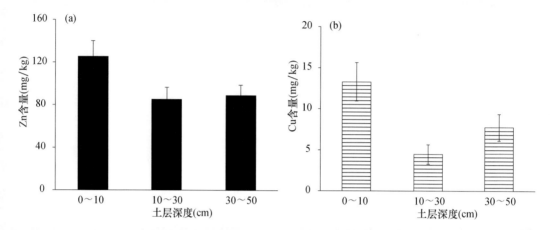

图 5-15　元素 Zn（a）和 Cu（b）的垂直分布

表 5-2　湿地土壤不同金属元素间的相关关系矩阵表

	Al	Fe	Mn	Ba	Zn	Cu
Al	1					
Fe	0.793**	1				
Mn	0.768**	0.842**	1			
Ba	0.672**	0.422**	0.435**	1		
Zn	0.735**	0.745**	0.832**	0.357*	1	
Cu	0.169	0.281	0.413*	−0.069	0.496**	1

注：** $p < 0.01$，* $p < 0.05$。

5.6.2　土壤金属元素密度及分布特征

基于有限的实测数据，大多数研究者对于土壤元素密度的计算采用了较为简单易行和可靠的方法，对于有若干土层的单个土种或土壤剖面，土壤元素密度根据元素含量、土壤容重和土层厚度进行计算。

试验站核心区湿地不同植被类型表层（0～10 cm）土壤金属元素密度差异如图 5-16 所示（注：由于蕹草和黑藻群落无法进行环刀作业，故这两种植被类型土壤金属密度未计算；图 5-16 中由于狗牙根群落土壤 Ba、Zn 和 Cu

的含量低于检测限，这三个元素的土壤金属密度也未进行计算）。不同植被类型土壤 Al 密度（$F=19.664$，$p=0.000$），Fe 密度（$F=7.693$，$p=0.006$），Mn 密度（$F=15.736$，$p=0.000$），Ba 密度（$F=39.922$，$p=0.000$），Zn 密度（$F=14.967$，$p=0.001$）均表现出显著性差异。不同植被类型下表层土壤 Al 密度处于 315.28～1374.32 g/cm^2，Fe 密度处于 240.37～554.54 g/cm^2，Mn 密度处于 0.91～5.70 g/cm^2，Ba 密度处于 3.58～5.29 g/cm^2，Zn 密度处于 1.64～1.87 g/cm^2，Cu 密度处于 0.129～0.228 g/cm^2，土壤表层不同元素密度最大值出现在不同群落中，即 Al、Fe、Mn、Ba、Zn 和 Cu 密度最大值分别出现在南荻群落、芦苇植被群落、菰群落、灰化苔草群落、灰化苔草群落和南荻群落。

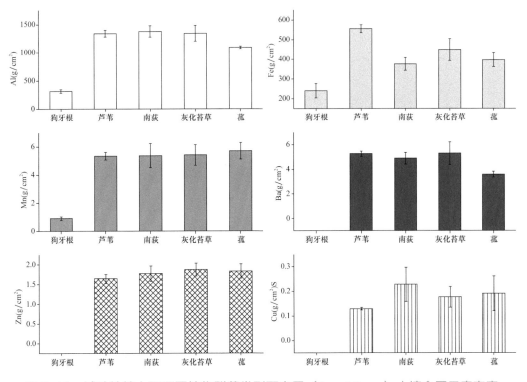

图 5-16　试验站核心区不同植物群落类型下表层（0～10 cm）土壤金属元素密度

试验站核心区湿地不同植被类型 10～30 cm 土壤金属元素密度差异如图 5-17 所示（由于部分群落土壤元素的检测限原因，其土壤金属密度也未进行计算）。不同植被类型 10～30 cm 土层土壤 Al 密度（$F=71.302$，$p=0.000$），Fe 密度（$F=18.625$，$p=0.001$），Mn 密度（$F=58.047$，$p=0.000$），Zn 密度（$F=45.830$，$p=0.000$）均表现出显著性差异。多重比较分析发现，南荻群落

10～30 cm 深土壤 Ba 元素密度与芦苇及灰化苔草对应土壤 Ba 元素密度表现出显著差异。芦苇与灰化苔草群落 10～30 cm 深土壤 Cu 元素密度并未表现出显著差异。不同植被类型下 10～30 cm 深土壤 Al 密度处于 878.00～3560.17 g/cm²，Fe 密度处于 569.98～1129.67 g/cm²，Mn 密度处于 2.10～11.68 g/cm²，Zn 密度处于 0.487～4.36 g/cm²，10～30 cm 土层不同土壤元素密度最大值出现在不同群落中，即 Al、Fe、Mn、Zn 元素密度最大值分别出现在南荻群落、灰化苔草群落、灰化苔草群落和芦苇群落。

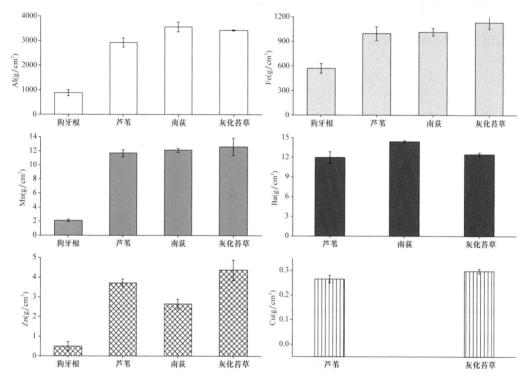

图 5-17　试验站核心区不同植物群落类型下 10～30 cm 土层土壤金属元素密度

试验站核心区湿地不同植被类型 30～50 cm 土层土壤金属元素密度差异如图 5-18 所示（由于群落土壤部分元素的检测限原因，其土壤金属元素密度也未进行计算）。不同植被类型 30～50 cm 深土壤 Al 密度（$F=66.951$，$p=0.000$），Fe 密度（$F=17.137$，$p=0.001$），Ba 密度（$F=217.065$，$p=0.000$），Zn 密度（$F=24.498$，$p=0.000$）均表现出显著性差异。对于不同植被类型 30～50 cm 深土壤 Mn 和 Cu 密度利用多重比较分析，结果显示狗牙根群落土壤 Mn 元素密度与芦苇、南荻群落及灰化苔草群落土壤 Mn 元素密度表现为显著的差异，同时，芦苇群落 30～50 cm 土层土壤 Cu 元素密度（0.537 g/cm²）与灰化苔草土壤 Cu 密度（0.345 g/cm²）表现为显著差异。不同植被类型下 30～50 cm 深土壤 Al 密度处于 904.45～3792.48 g/cm²，Fe 密度处于 696.65～1302.73 g/cm²，Mn 密度处于 3.57～16.88 g/cm²，Ba 密度处于 13.22～14.05 g/cm²，Zn 密度处于 0.876～4.843 g/cm²，30～50 cm 土层不同土壤元素密度最大值出现在不同群落中，即 Al、Fe、Mn、Ba 和 Zn 元素密度最大值分别出现在灰化苔草群落、灰化苔草群落、芦苇群落、南荻群落和芦苇群落。对土壤元素密度的垂直分布而言，30～50 cm 深土壤元素密度均大于 10～30 cm 深对应土壤元素密度，但差异并不显著。

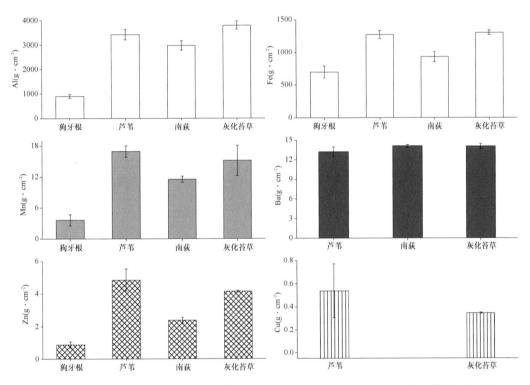

图 5-18　试验站核心区不同植物群落类型下 30 ～ 50 cm 土层土壤金属元素密度

5.7　土壤可溶性有机碳分布

土壤可溶性有机碳（DOC）是土壤有机碳中较为活跃的组分，它在土壤中移动快且稳定性低，易氧化和分解（Kalbitz et al, 2000；李典友 等，2009）。虽然 DOC 仅占土壤有机碳库的很小一部分，但作为微生物的重要能量来源，直接影响微生物及其活性，进而影响温室气体排放，对生态系统碳循环具有重要意义（万忠梅 等，2008）。湿地生态系统在全球碳循环中扮演重要角色。干湿交替是湿地最重要的特征之一，这一特征会显著影响湿地土壤 DOC 的变化。

试验站核心区土壤 DOC 变化范围是 32.00～318.12 mg/kg dw，均值为 122.25 mg/kg dw。不同植被类型土壤容重表现出一定的差异（图 5-19），整体而言，从狗牙根至黑藻植被群落 DOC 呈现先增加后减少的分布特征，具体而言，土壤 DOC 的最低值出现在狗牙根群落，仅为 32.00 mg/kg dw；最高值出现在南荻群落，为 318.12 mg/kg dw。不同植被类型土壤 DOC 含量表现为：南荻群落（164.50 mg/kg dw）＞菰群落（146.99 mg/kg dw）＞灰化苔草（127.96 mg/kg dw）＞芦苇群落（125.44 mg/kg dw）＞藨草群落（94.76 mg/kg dw）＞黑藻群落（78.84 mg/kg dw）。水分变化影响土壤中微生物的活性，从而影响土壤 DOC 的含量，以往研究表明，土壤水分含量越高，土壤中 DOC 的含量也相对较高（张雪雯 等，2014）。但从不同植被类型土壤 DOC 的分布特征来看，水分并不是限制土壤 DOC 的关键因子，黑藻和藨草群落距离湖面最近，土壤含水量相对较高，但土壤 DOC 含量并未表现出较高的值，最高的是南荻群落，这与曹煦彬等（2017）的研究结果相似。

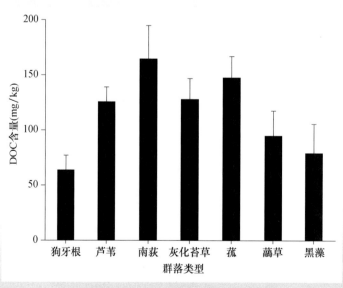

图 5-19 试验站核心区不同植物群落类型下土壤 DOC 含量

不同土层深度土壤 DOC 含量分布见图 5-20，通过方差分析及多重结果比较发现，0～10 cm、10～20 cm 和 30～50 cm 三层土壤 DOC 含量并未表现出显著的差异。但从图 5-20 可以发现，随着深度的增加，土壤 DOC 含量表现出阶梯状下降的趋势，从 0～10 cm 土层的 140.23 mg/kg 下降到 30～50 cm 土层的 108.69 mg/kg。这也与杨继松和刘景双（2009）的研究结果相似。

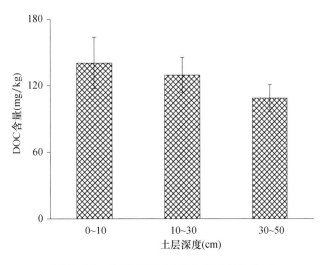

图 5-20　湿地不同深度土壤 DOC 含量

5.8　土壤矿质态氮含量及分布特征

土壤矿质态氮是湿地生态系统中总氮库的过渡库，主要包括铵态氮（NH_4^+-N）和硝态氮（NO_3^--N），该形态氮素可被植物直接吸收和利用，但其含量较低，不足土壤全氮的 2%（白军红和王庆改，2002）。

试验站核心区不同植物群落类型下土壤矿质态氮含量分布见图 5-21，在所调查的土壤 0～50 cm 深度范围内，土壤铵态氮含量介于 1.03～43.33 mg/kg dw。与以往研究相比，范围略宽泛（1.9～38.4 mg/kg dw）（雷婷，2008）。多重对比分析结果显示，不同植被类型土壤氨氮表现出显著的差异。从铵态氮的变化趋势可以看出，铵态氮沿岗地→高滩→低滩→泥沼表现出明显的上升趋势。这与雷学明等（2017）的结果一致，可见水分条件可能是影响湿地土壤铵态氮的关键因素。其中氨氮含量的最低值出现在南荻群落土壤中，最高值出现在黑藻群落土壤中。总体而言，不同植物群落类型下土壤铵态氮含量排序为：黑藻群落（33.22 mg/kg dw）＞藨草群落（23.62 mg/kg dw）＞菰群落（20.03 mg/kg dw）＞灰化苔草群落（12.44 mg/kg dw）＞芦苇群落（4.57 mg/kg dw）＞南荻群落（4.06 mg/kg dw）＞狗牙根群落（3.55 mg/kg dw）。

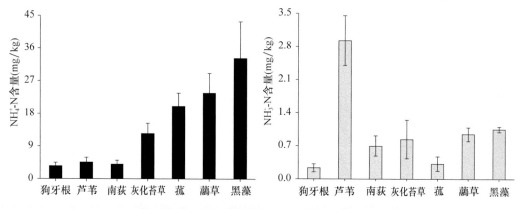

图 5-21　试验站核心区不同植物群落类型下土壤矿质态氮含量

　　硝态氮是无机氮的另一种存在形式，是水体中氮发生硝化作用的终态和发生反硝化作用的始态，研究硝态氮的含量及分布特征具有很好的参考价值。研究区土壤呈弱酸性，硝化作用较弱，常态下能保持的硝态氮含量较低，在所考察的土壤 0～50 cm 深度范围内，湿地土壤硝态氮含量介于 0.05～5.04 mg/kg dw，平均含量为 1.15 mg/kg dw，同样与以往研究相比，均值相对较低（1.80 mg/kg），但幅度较大（0.8～3 mg/kg）（雷婷，2008）。这可能与本次调查所选择的群落类型相对较多有关。多重对比分析结果显示，试验站不同植被类型土壤硝态氮同样表现出显著的差异，但与铵态氮的分布趋势不同，硝态氮在空间上并未表现出明显的趋势。其中硝态氮含量的最低值出现在菰群落土壤中，最高值出现在芦苇群落土壤中。总体而言，不同植被类型土壤硝态氮含量排序为：芦苇群落（2.92 mg/kg dw）＞黑藻群落（1.05 mg/kg dw）＞藨草群落（0.945 mg/kg dw）＞灰化苔草群落（0.838 mg/kg dw）＞南荻群落（0.697 mg/kg dw）＞菰群落（0.322 mg/kg dw）＞狗牙根群落（0.233 mg/kg dw）。

　　土壤矿质态氮含量垂直分布见图 5-22，多重对比分析发现，试验站核心区湿地 10～30 cm 深度和 30～50 cm 深度土壤铵态氮含量（分别为 5.49 mg/kg dw，

6.99 mg/kg dw）差异不显著，但与 0～10 cm 深度土壤铵态氮含量（11.66 mg/kg dw）表现出显著的差异。湿地土壤表层发生着剧烈的铵态氮转化过程，由于表层土壤中全氮含量较高，有机氮通过氨化作用会产生大量的铵态氮，尽管强烈的硝化作用使一部分铵态氮转化为硝态氮，土壤表层仍然维持较高含量的铵态氮。但随着深度的增加，氨化作用减弱，所以铵态氮含量急剧下降。

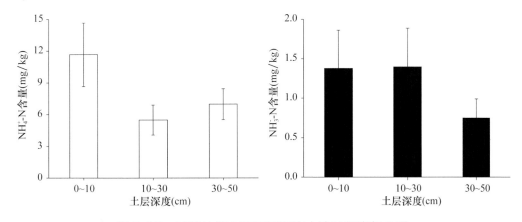

图 5-22　试验站核心区不同深度土壤矿质态氮含量

多重比较结果显示，试验站核心区湿地三层土壤硝态氮含量差异并不显著，硝态氮并未表现出明显的变化趋势。尽管如此，从图 5-22 可见，0～10 cm 和 10～20 cm 深度土壤硝态氮含量（分别为 1.37 mg/kg dw，1.40 mg/kg dw）相对较高，而 30～50 cm 深度土壤硝态氮含量（0.75 mg/kg dw）相对较低。究其原因，表层较高的全氮、铵态氮含量及土壤强烈的硝化作用使得硝态氮发生累积富集。随后在 10～30 cm 土层，铵态氮含量急剧下降，使得一部分铵态氮转化为硝态氮，使硝态氮在这一层出现相对较大的值。但到达 30～50 cm 土层时，由于土壤中腐殖质不断减少以及氧气含量的降低，使得硝化作用减弱，硝态氮含量也随之降低。然后，由于硝态氮以土壤水为载体在土壤中迁移，所以土壤水的运动和变化直接影响着硝态氮的含量，在下层土壤中硝态氮含量变化并不稳定（雷婷，2008）。

5.9　土壤有效磷含量及分布特征

有效磷是土壤中可被植物吸收利用的形态，试验站核心区七种优势植物群落类型下土壤有效磷含量变化区间在 5.89～23.91 mg/kg dw，均值为

15.21 mg/kg dw，与以往研究结果相近（雷学明 等，2017；李静，2017）。多重比较结果显示，土壤中有效磷的含量在不同群落类型下含量变化不明显（图5-23）。

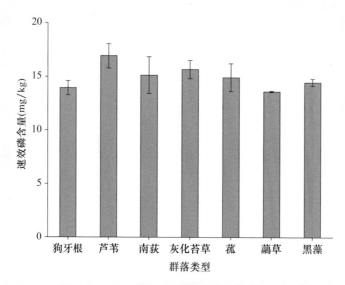

图5-23　试验站核心观测区不同群落类型下土壤有效磷含量

土壤有效磷含量垂直分布见图5-24，方差分析结果显示，试验站核心观测区10～30 cm 和30～50 cm 深度土壤有效磷含量（分别为17.03 mg/kg dw，13.80 mg/kg dw）差异显著，但与0～10 cm 深度土壤有效磷含量（14.67 mg/kg dw）并未表现出显著的差异。

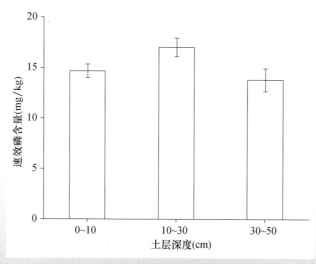

图5-24　试验站核心观测区湿地土壤不同深度有效磷含量

第6章
试验站核心区植物种类组成与群落特征

湿地植物群落是湿地生态系统的重要组分，是湿地生态系统的主要初级生产者，维持和承载着湿地生态系统各种各样的物理过程和生物功能，其结构、功能和生态特征能综合反映湿地生态环境的基本特点和功能特性（Lacoul et al，2006；吴燕平 等，2015）。鄱阳湖是一个过水性吞吐型湖泊，受亚热带季风气候影响，洪、枯季节的水面面积、蓄水容积悬殊极大，"高水是湖、低水似河""洪水一片、枯水一线"的自然地理特征深刻地影响着鄱阳湖湿地植物空间和时间上的分布特征（张方方 等，2011）。湖泊水位规律性周期的波动使影响植物分布的因子（如土壤水分和营养）从湖心到湖岸形成一定的梯度，是影响湿地植物群落和湿地生态系统结构功能的关键因素（谭志强等，2016）。

植物是影响自然湿地温室气体（如甲烷、二氧化碳）排放的重要因素之一（段晓男 等，2005；胡泓 等，2014）。例如，维管植物光合作用的产物为甲烷产生提供主要的碳源，植物根系的周转和碳物质的分泌为产甲烷细菌提供底物，维管植物根际氧化是甲烷氧化最主要的途径，湿地植物群落特征（如物种组成、多度、生活型及生物量等）对甲烷的产生、氧化和传输等过程产生影响，从而影响甲烷的排放量（胡启武 等，2011）。本次植物群落调查旨在揭示试验站核心区植物物种组成、植物群落分布特征，为试验站进一步开展长期的生物监测提供背景资料。

6.1 调查方法

6.1.1 植物群落调查

2016 年 10 月和 2017 年 4 月在试验站核心区内开展了春、秋两个季节的调查。调查区包括东湖和白沙湖的洲滩。由于中间有堤坝相隔，两湖洲滩、堤坝的地形、土壤和植被类型有所差异，因此我们将两湖洲滩、堤坝分开调查（图 6-1）。具体调查方法是在这两湖洲滩分别设置隔约 200 m 的"之"字形的样线，样线与湖岸线基本垂直，以便最大程度上捕获沿水位梯度的环境变化。每条样线均匀设置 5～7 个 1 m×1 m 的小样方，其中东湖 72 个小样方，白沙湖 57 个小样方，堤坝上每隔 200 m 设置 1 个 1 m×1 m 的小样方，共设置了 135 个小样方。样方调查记录每个样方内的植物种类、每个物种的盖度，样方群落的最大高度等。植物物种的鉴定依据《鄱阳湖湿地植物》（葛刚和陈少风，2015）、《江西植物志》（江西植物志编辑委员会，1960—2014）和《中国植物志》（中国植物志编辑委员会，1959—2004）；植物群落的划分主要依据《中国植被》（中国植被编辑委员会，1980）。

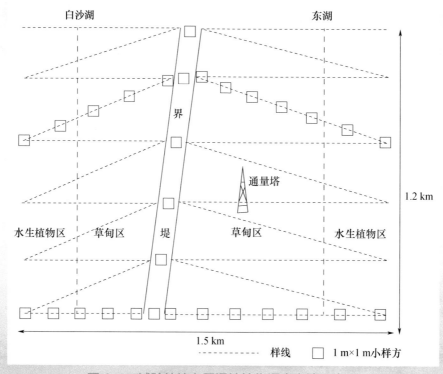

图 6-1　试验站核心区湿地植物调查方法示意图

6.1.2　群落生物量与营养元素测定

在春季生长旺盛期（4月）利用收获法测定优势群落生物量。在调查区域狗牙根、芦苇、南荻、菰、苔草、藨草等优势群落分布地段，随机设置4个50 cm×50 cm样方，齐地面采集样方内植物地上部分，并随机在其中3个样方内挖掘25 cm×25 cm×40 cm土块，分离土壤与植物根系。所采集植物样品带回实验室清洗干净后烘干称重（70 ℃/48 h）。

此外，在调查区域的东湖与白沙湖采集常见植物地上部分进行C、N、P等营养元素的测定，样品采集的方法有两种：一是对于优势植物而言，在S型路线上采集3~5株混合在一起作为一个重复，共计采集4个重复；二是对于一些伴生物种，由于分布面积有限，则采用多点混合的方法采集样品，将多个采样点所采得的同一种植物样品放置在一个自封袋中，形成多点混合样，并做好标签。样品经清洗、烘干、磨碎等处理后，全C、全N含量利用EA3000元素分析仪测定，全P含量采用钼锑抗比色法测定。

6.2　植物种类组成

两次调查共记录大型植物44种，归属于22科38属（表6-1）。其中，2016年秋季调查到植物41种，归属于21科35属；2017年春季调查到植物44种，归属于22科38属。总体而言，春、秋两季物种组成差异不大，三种植物石龙芮（*Ranunculus sceleratus* L.）、黄鹌菜（*Youngia japonica* (L.) DC.）、看麦娘（*Alopecurus aequalis* Sobol.）只在春季被调查到，其他种类的植物春秋两季相同。湿地中最常见的物种包括灰化苔草（*Carex cinerascens* Kük.）、荻（*Miscanthus sacchariflorus* (Maxim.) Hackel）、芦苇（*Phragmites australis* (Cav.) Trin. ex Steud.）等；相对较稀少的物种有黑藻（*Hydrilla verticillata* (L. f.) Royle）、七层楼（*Tylophora floribunda* Miq.）和白花水八角（*Gratiola japonica* Miq.）等。

表 6-1 试验站核心区调查区域内的植物物种名录

序号	中文名	拉丁名	科	属	是否两季出现
1	浮苔	*Ricciocarpus natans* (L.) Corda	钱苔科	浮苔属	是
2	浮萍	*Lemna minor* L.	浮萍科	浮萍属	是
3	下江委陵菜	*Potentilla limprichtii* J. Krause	蔷薇科	委陵菜属	是
4	石龙芮	*Ranunculus sceleratus* L.	毛茛科	毛茛属	只有春季调查到
5	七层楼	*Tylophora floribunda* Miq.	萝藦科	娃儿藤属	是
6	乌桕	*Triadica sebifera* (L.) Small	大戟科	乌桕属	是
7	水田碎米荠	*Cardamine lyrata* Bunge	十字花科	碎米荠属	是
8	碎米荠	*Cardamine hirsuta* L.	十字花科	碎米荠属	是
9	广州蔊菜	*Rorippa cantoniensis* (Lour.) Ohwi	十字花科	蔊菜属	是
10	蔊菜	*Rorippa indica* (L.) Hiern	十字花科	蔊菜属	是
11	风花菜	*Rorippa globosa* (Turcz. ex Fisch.& C.A. Mey.) Vassilcz.	十字花科	蔊菜属	是
12	沼生水马齿	*Callitriche palustris* L.	水马齿科	水马齿属	是
13	水蓼	*Polygonum hydropiper* L.	蓼科	蓼属	是
14	蓼子草	*Polygonum criopolitanum* Hance	蓼科	蓼属	是
15	箭叶蓼	*Polygonum sieboldii* Meissn.	蓼科	蓼属	是
16	皱叶酸模	*Rumex crispus* L.	蓼科	酸模属	是
17	野胡萝卜	*Daucus carota* L.	伞形科	胡萝卜属	是
18	天胡荽	*Hydrocotyle sibthorpioides* Lam.	伞形科	天胡荽属	是
19	田皂角	*Aeschynomene indica* Burm. f.	豆科	合萌属	是
20	微齿眼子菜	*Potamogeton maackianus* A. Benn.	眼子菜科	眼子菜属	是
21	黑藻	*Hydrilla verticillata* (L. f.) Royle	水鳖科	黑藻属	是
22	金鱼藻	*Ceratophyllum demersum* L.	金鱼藻科	金鱼藻属	是
23	荇菜	*Nymphoides peltata* (Gmel.) Kuntze	龙胆科	荇菜属	是
24	荔枝草	*Salvia plebeia* R. Br.	唇形科	鼠尾草属	是
25	葛藟葡萄	*Vitis flexuosa* Thunb.	葡萄科	葡萄属	是
26	通泉草	*Mazus pumilus* (Burm. f.) Steenis	玄参科	通泉草属	是

续表

序号	中文名	拉丁名	科	属	是否两季出现
27	白花水八角	*Gratiola japonica* Miq.	玄参科	水八角属	是
28	丁香蓼	*Ludwigia prostrata* Roxb.	柳叶菜科	丁香蓼属	是
29	黄鹌菜	*Youngia japonica* (L.) DC.	菊科	黄鹌菜属	只有春季调查到
30	鬼针草	*Bidens pilosa* L.	菊科	鬼针草属	是
31	蒌蒿	*Artemisia selengensis* Turcz. ex Besser	菊科	蒿属	是
32	鼠麴草	*Pseudognaphalium affine* (D.Don) Anderb.	菊科	鼠麴草属	是
33	泥胡菜	*Hemisteptia lyrata* (Bunge) Bunge	菊科	泥胡菜属	是
34	灰化苔草	*Carex cinerascens* Kük.	莎草科	苔草属	是
35	日本苔草	*Carex japonica* Thunb.	莎草科	苔草属	是
36	具刚毛荸荠	*Eleocharis valleculosa* var. *setosa* Ohwi	莎草科	荸荠属	是
37	看麦娘	*Alopecurus aequalis* Sobol.	禾本科	看麦娘属	只有春季调查到
38	芦苇	*Phragmites australis* (Cav.) Trin. ex Steud.	禾本科	芦苇属	是
39	荻	*Miscanthus sacchariflorus* (Maxim.) Hackel	禾本科	芒属	是
40	菰	*Zizania latifolia* (Griseb.) Turcz. ex Stapf	禾本科	菰属	是
41	光头稗	*Echinochloa colona* (L.) Link	禾本科	稗属	是
42	狗牙根	*Cynodon dactylon* (Linn.) Pers.	禾本科	狗牙根属	是
43	虉草	*Phalaris arundinacea* L.	禾本科	虉草属	是
44	牛鞭草	*Hemarthria altissima* (Poir.) Stapf et C. E. Hubb.	禾本科	牛鞭草属	是

6.3　植物群落类型

　　通过野外实地调查，依据植物种类组成、建群种和优势种、外貌和结构以及生境特点均相似的原则（中国植被编辑委员会，1980），将研究区域的植物群落划分为以下 8 种类型。

（1）芦苇群落

主要分布在海拔高程较高、裸露时间较早、土壤较干燥的堤坝上，沿圩堤呈条带状分布，约占调查区域面积的1%～2%。群落最大高度180～250 cm，植被盖度50%～80%。在芦苇群落与其他植物群落的过渡带，芦苇常与灰化苔草混合生长，呈现出典型的双层群落结构（灰化苔草高度为30～60 cm）。常见的伴生种有狗牙根（*Cynodon dactylon* (Linn.) Pers.）、蒌蒿（*Artemisia selengensis* Turcz. ex Besser）、鬼针草（*Bidens pilosa* L.）、通泉草（*Mazus pumilus* (Burm. f.) Steenis）、野胡萝卜（*Daucus carota* L.）等。

（2）狗牙根群落

分布在堤坝上或堤坝两侧无芦苇生长的区域，属于适应较旱生环境的植物群落，分布面积不到调查区域面积的0.5%。群落最大高度5～20 cm，植被盖度60%～80%，群落结构为单层。常见伴生种有田皂角（*Aeschynomene indica* Burm. f.）、牛鞭草（*Hemarthria altissima* (Poir.) Stapf et C. E. Hubb.）、天胡荽（*Hydrocotyle sibthorpioides* Lam.）等。

（3）荻群落

以荻为建群植物的群落分布高程低于芦苇群落，东湖荻群落直接分布在芦苇群落的下方，在堤坝与洲滩间的斜坡上呈条带状分布；白沙湖荻群落常镶嵌在苔草群落中呈片状分布，但出现荻群落斑块的地方，微地形往往要高出四周苔草群落几厘米；荻群落约占调查区域面积的10%～20%。群落最大高度130～180 cm，植被盖度60%～90%，常为双层结构，上层为荻，下层以苔草为主。常见伴生种有泥胡菜（*Hemisteptia lyrata* (Bunge) Bunge）、黄鹌菜（*Youngia japonica* (Linn.) DC.）、蔊菜（*Rorippa indica* (L.) Hiern）、鼠麴草（*Pseudognaphalium affine* (D.Don) Anderb.）等。

（4）菰群落

以菰（*Zizania latifolia* (Griseb.) Turcz. ex Stapf）为建群植物的群落分布在白沙湖圩堤附近的沟壑中，水深为0.3～0.5 m，呈条带状分布，带宽为1.5～3 m，所占面积不到调查区域的1%。菰群落最大高度0.8～1.8 m，植被盖度为20%～70%，为双层结构，即上层的菰和下层的水生植物。水中常见伴生种有沼生水马齿（*Callitriche palustris* L.）、水蓼（*Polygonum hydropiper*

L.)、水田碎米荠（*Cardamine lyrata* Bunge）等。

（5）苔草群落

约占调查区域面积的 60%～70%，是分布面积最大的植物群落，占据了洲滩绝大部分无水淹但土壤水分含量较高的区域。苔草群落以灰化苔草为主，常常与其他苔草如日本苔草（*Carex japonica* Thunb.）混生在一起组成群落。苔草群落最大高度 30～60 cm，植被盖度达 100%，结构简单，基部常零星伴生植株较矮小的双子叶植物。常见伴生种有下江萎陵菜（*Potentilla limprichtii* J. Krause）、水田碎米荠、皱叶酸模（*Rumex crispus* L.）、箭叶蓼（*Polygonum sieboldii* Meissn.）、看麦娘等。

（6）具刚毛荸荠群落

主要分布在水淹较浅的滩涂，约占调查区域面积的 1%～2%。群落最大高度 20～40 cm，植被盖度 30%～70%；优势种具刚毛荸荠生长稀疏，群落结构简单。常见伴生种有皱叶酸模、丁香蓼（*Ludwigia prostrata* Roxb.）、白花水八角（*Gratiola japonica* Miq.）等。

（7）微齿眼子菜群落

秋季分布在东湖和白沙湖的浅水区域，微齿眼子菜（*Potamogeton maackianus* A. Benn.）平铺在水底生长，对水透明度要求较高。群落植被盖度为 30%～70%，占调查区域面积的 5%～10%。常见有黑藻（*Hydrilla verticillata* (L.f.) Royle）、金鱼藻（*Ceratophyllum demersum* L.）、莕菜（*Nymphoides peltata* (Gmel.) Kuntze）伴生其间。

（8）沼生水马齿群落

春季分布在东湖和白沙湖的浅水区域，沼生水马齿（*Potamogeton maackianus* A. Benn.）茎叶极细，密密麻麻悬浮生长于水中。群落植被盖度达 70%～90%，占调查区域面积的 10%～15%。常见伴生种有灰化苔草、莕菜、具刚毛荸荠（*Eleocharis valleculosa* var. *setosa* ohwi）等。

6.4　植物群落的空间分布特征

总体而言，调查区域内植物群落的空间分布明显受水分梯度影响，各种植物群落占据特定的水分生态位空间，呈现出沿水平线呈条带状分布的总体格局。沿高程或水分梯度依次出现的植物群落为芦苇群落（或狗牙根群落）→ 荻群落 → 苔草群落 → 具刚毛荸荠群落 → 微齿眼子菜群落（或沼生水马齿群落），沼生水马齿群落是春季浅水区的主要群落，微齿眼子菜群落是秋季浅水区的主要群落（图6-2）。其中，芦苇群落（或狗牙根群落）的分布海拔高程为15.0~15.2 m，荻群落分布海拔高程为14.5~15.0 m，苔草群落分布海拔高程为13.9~14.3 m，具刚毛荸荠群落分布海拔高程为13.8~13.9 m，微齿眼子菜群落（或沼生水马齿群落）分布海拔高程为13.5~13.8 m。与此同时，微地形对植物群落的分布也有显著影响。例如，在白沙湖中，堤坝下方有水深约0.4 m的沟壑，以菰为优势种的植物群落分布于其中，打断了上述沿土壤水分、高程梯度的植物群落分布顺序。

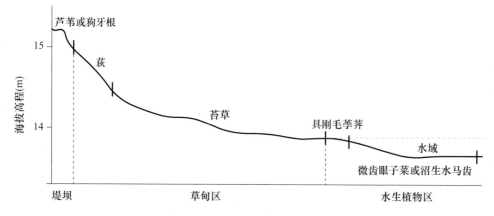

图6-2 试验站核心区湿地植物群落沿高程梯度分布示意图

6.5 植物群落的季节性分布特征

堤坝和草甸区（即无水淹但土壤水分较高的区域）植物群落分布的季节性差异不大，春、秋两季都是以芦苇群落、狗牙根群落、荻群落、苔草群落为主，但伴生植物会随季节发生一定的变化。例如，春季时，苔草群落的伴生种有看麦娘、黄鹌菜、皱叶酸模等；秋季时，伴生种有水田碎米荠、虉草（*Phalaris arundinacea* L.）、蓼子草（*Polygonum criopolitanum* Hance）等。水生植物区的植物群落季节性变化较大，春季时沼生水马齿群落占据较大面积的浅水滩涂，秋季则是以微齿眼子菜为优势种的植物群落为主。这可能是由于芦苇、荻、苔草等植物以根茎等营养器官繁殖为主，水位降低洲滩裸露时，能迅速萌发生长占据空间、争夺阳光和地下营养资源，且其生长周期较长，从而成为湿地洲滩上的优势种（Tulbure et al，2010）。相比之下，水生植物对环境要求更苛刻（如对水透明度要求较高），环境过滤作用对于何种水生植物成为优势种有重要的影响，且沉水植物生长周期相对较短，造成了春秋两季生长的优势种有显著的差异，形成较明显的季节性变换交替（Casanova et al，2000）。

湿地各种植物遵循其本身的物候规律，使得湿地景观在不同季节呈现其独特的景象（Wang et al，2012b）。春季时，灰化苔草等苔草集中开花结果，苔草逐渐由绿色转为灰白色，其他春季开花的植物有黄鹌菜、白花碎米荠、皱叶酸模等。夏季时，湿地完全被洪水淹没，淹水较浅的区域生长有苤菜、眼子菜等水生植物。秋季时（9月开始），随着水位逐渐下降，芦苇和荻生长旺盛，进入开花结果的关键时期，"荻花瑟瑟"成为鄱阳湖湿地的标志性景观。深秋时（10月下旬），天气日渐寒冷，芦苇、荻的茎叶逐渐变黄。冬季（12月至翌年2月）时，大部分物种开始死亡或休眠以度过寒冬，芦苇和南荻地上部分逐渐枯萎，苔草大多数变枯黄，呈现一派萧瑟景象。

6.6　植物群落生物量特征

如图 6-3 所示，春季生长旺盛期（4月）试验站核心区 6 种优势植物群落地上生物量变化范围为 306.78～1213.2 g/m²，各群落地上生物量差异显著（$P < 0.01$），其中藜草群落地上部分生长迅速，生物量不断累积，到 4月份地上部分生物量达到 1213.2 g/m²。而菰群落和狗牙根群落的地上生物量较小，它们的地上生物量分别是 306.78 g/m²、377.83 g/m²，分别约占藜草群落地上生物量的 25%、30%。随着春季回暖，南荻群落和芦苇群落的株高不断增加，因此它们的地上生物量亦维持一个比较高的水平，其地上生物量分别为 912.04 g/m²、687.32 g/m²，但此时期并没有达到生物量的峰值。苔草群落作为研究区内最优势的植物群落，地上生物量为 545.77 g/m²。4月份地上生物量大小顺序依次是藜草群落（1213.2 g/m²）＞南荻群落（912.04 g/m²）＞芦苇群落（687.32 g/m²）＞苔草群落（545.77 g/m²）＞狗牙根群落（377.83 g/m²）＞菰群落（306.78 g/m²）。

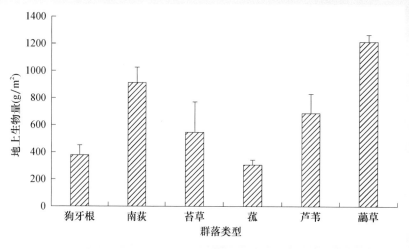

图6-3　试验站核心区6种优势植物群落地上生物量特征

如图6-4所示，春季（4月）6种植物群落地下根系生物量变化范围为284.48~1269.44 g/m²，其中苔草群落根系最为发达，地下根系生物量达1269.44 g/m²，约占苔草群落总生物量的70%。芦苇根系生物量较小，只有284.48 g/m²，不到芦苇群落总生物量的1/3，大约是苔草群落地下生物量的1/5。菰群落的根系生物量为338.67 g/m²，占其总生物量的一半以上。狗牙根群落地下根系生物量同样在4月有一个比较大的增长，根系干重量达到了537.36 g/m²，此时，其根系生物量也超过了狗牙根群落总生物量的50%以上。南荻群落的根系生物量为555.25 g/m²，约占其总生物量的38%。藜蒿群落根系生物量为341.6 g/m²，约为藜蒿群落总生物量的22%。春季4月份不同植物群落根系生物量大小顺序依次是苔草群落（1269.44 g/m²）＞南荻群落（555.25 g/m²）＞狗牙根群落（537.36 g/m²）＞藜蒿群落（341.6 g/m²）＞菰群落（338.67 g/m²）＞芦苇群落（284.48 g/m²）。

基于上述6种植物群落的地上与地下生物量，计算了各群落地上、地下生物量质量百分数（图6-5）。其中，苔草群落、狗牙根群落和菰群落地下生物量高于地上，而芦苇、南荻与藜蒿群落地下生物量低于地上部分。苔草、狗牙根和菰地下部分分别占总生物量的70%、58.7%和52.5%；芦苇、南荻与藜蒿的地下部分占总生物量的比例则分别为29.3%、37.8%和22%。

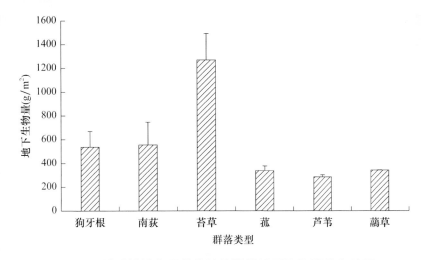

图 6-4　试验站核心区优势植物群落地下生物量分布特征

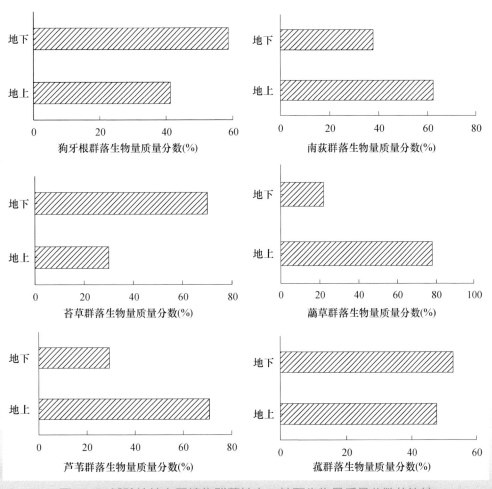

图 6-5　试验站核心区植物群落地上、地下生物量质量分数的比较

6.7 植物营养元素与化学计量关系

试验站核心区 3 种大型挺水植物叶片全 C 含量变化范围为 365.13～422.04 mg/g，平均值为 392.17 mg/g。菰（383.4 mg/g）和芦苇（384.6 mg/g）C 含量均值相当，最高值为南荻。挺水植物间叶 C 含量差异极显著（$F=19.83$，$P < 0.01$）（图 6-6a）；叶 N 含量在 15.96～37.86 mg/g 间波动，平均值为 27.38 mg/g，最低值为菰，最高值为芦苇。方差分析表明：3 种挺水植物叶 N 含量存在极显著差异（$F=7.46$，$P < 0.01$）（图 6-6b）；叶 P 含量波动范围是 0.96～2.61 mg/g，平均值为 1.68 mg/g，最低值为菰，最高值为芦苇。3 种挺水植物叶 P 含量存在极显著差异（$F=7.50$，$P < 0.01$）（图 6-6c）。相关分析显示：叶 C 含量与 N、P 含量之间相关性均不显著（$P > 0.05$），叶 N 含量与叶 P 含量之间极显著相关（$P < 0.01$）。3 种挺水植物叶 C：N、C：P 之间存在极显著差异（$F=6.99$，7.44；$P < 0.01$），但叶 N：P 之间差异不显著（$F=0.24$，$P > 0.05$）（图 6-6d～f）。叶 C：N 在 10.56～23.74 之间波动，平均值为 15.27，菰和南荻均值相当，且高于芦苇（图 6-6d）；叶 C：P 波动范围为 143.07～419.37，南荻和菰均值最高，均高于芦苇，平均值为 251.86（图 6-6e）；叶 N：P 变化范围为 11.08～24.01，最高值为南荻，最低值为菰，平均值为 16.68（图 6-6f）。

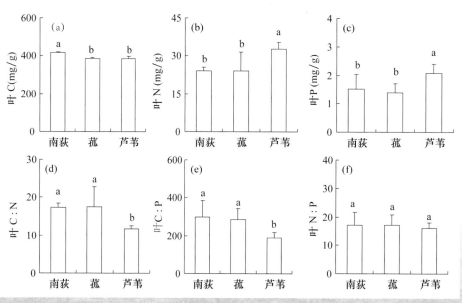

图 6-6 试验站核心区挺水植物叶片 C、N、P 含量及其化学计量比

调查区苔草、水蓼、野胡萝卜、水田碎米荠、藨草、蓼子草等常见湿沼生植物叶C、N、P含量变化范围分别是: 252.03~464.46 mg/g、10.49~44.75 mg/g 和 0.75~3.33 mg/g, 平 均 值 分 别 是 390.67 mg/g、27.10 mg/g 和 1.90 mg/g (图 6-7)。野胡萝卜叶 C 含量最低, 广州蔊菜最高, 叶 N 含量最高值为红辣蓼。叶 C∶N 值变化范围是 7.89~31.16, 平均值为 16.25; 叶 C∶P 值的波动范围是 109.02~543.26, 平均值为 232.09; 叶 N∶P 值波动范围为 5.08~34.82, 平均值为 14.90。

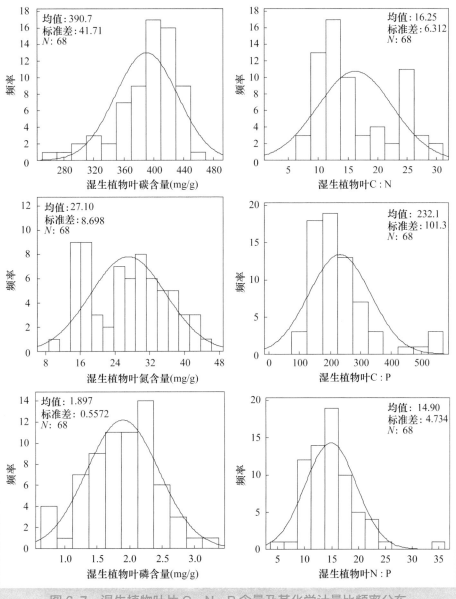

图 6-7 湿生植物叶片 C、N、P 含量及其化学计量比频率分布

调查区常见浮水植物叶 C 含量变化范围为 304.49～424.92 mg/g, 平均值为 385.49 mg/g, 最高值为荷, 最低值为荇菜 (图 6-8a); 叶 N 含量波动范围为 28.75～41.65 mg/g, 平均值为 34.78 mg/g, 最高值为水鳖, 最低值为槐叶萍 (图 6-8b); 叶 P 含量在 2.35～4.15 mg/g 间波动, 平均值为 3.31 mg/g, 最低值为菱, 最高值为荷 (图 6-5c)。浮水植物叶 C、N、P 化学计量比变化范围如下: C ∶ N 为 8.30～12.98, 平均值为 11.21, 最高值为槐叶萍, 最低值为水鳖 (图 6-8d); C ∶ P 在 97.52～164.05 间波动, 平均值为 119.96, 最高值为菱, 最低值为荷 (图 6-8e); N ∶ P 为 7.89～13.87, 平均值为 10.84, 最高值为菱, 最低值为荷 (图 6-8f)。

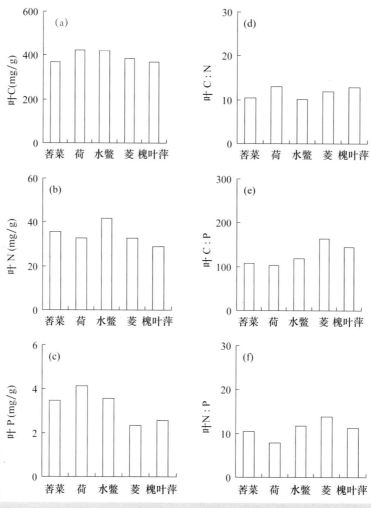

图 6-8 试验站核心区浮水植物叶 C、N、P 含量及其化学计量比

调查区沉水植物叶 C 含量变化范围为 278.15~365.54，平均值为 319.56，最高值为大茨藻，最低值为黑藻（图 6-9a）；叶 N 含量在 22.09~46.97 间波动，平均值为 35.56，最高值为金鱼藻，最低值为黑藻（图 6-9b）；叶 P 含量变化范围为 0.93~3.70，平均值为 2.56，最高值为金鱼藻，最低值为苦草（图 6-9c）。

沉水植物 C：N、C：P、N：P 变化范围分别是：6.88~12.56、97.84~310.35 和 11.21~24.72，平均值分别是 9.41、148.17 和 15.18。C：N 最高值为黑藻，最低值为金鱼藻（图 6-9d），C：P 最高值为苦草，最低值为金鱼藻（图 6-9e），N：P 最高值为苦草，最低值为黑藻（图 6-9f）。

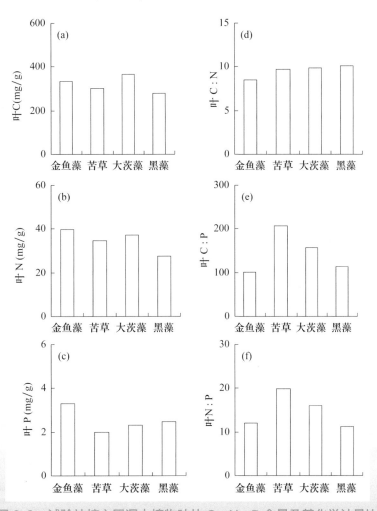

图 6-9 试验站核心区沉水植物叶片 C、N、P 含量及其化学计量比

6.8　讨论

通过实地样方调查发现，研究区域内春、秋两季植物组成高度相似（仅有 3 种植物不同），造成不同季节植物组成高度相似可能有以下原因。首先，研究区域内记录的 44 种植物在鄱阳湖地区分布都较为广泛，不是严格意义上的"稀有种"（简永兴 等，2001；徐丽婷 等，2017），研究区域内很可能存在这些植物的"营养体库"和"种子库"，遇到适宜的环境条件就会萌发成新的个体。其次，鄱阳湖湿地春、秋两季水热条件相似，热量是湿地植物生长的限制因子，3 月下旬温度回升及 9 月中旬水位下降后湿地植物开始生长（程永建和张俊才，1991），此时土壤水分条件和温度适宜，光照充足，在相似的水热条件下萌发的植物种类大体相似。

许多研究表明，鄱阳湖湿地植物群落受地形、海拔高程、湖水位和洲滩出露时间制约沿水分梯度分布，植物群落的分布还与微地形和土壤养分密切相关（胡振鹏 等，2010；张全军 等，2012）。实地调查中我们发现，湿地中优势种（如芦苇、荻和苔草等）的分布主要受水位梯度和土壤含水量的影响，而对于伴生种的分布其影响因素可能要更复杂一些。首先，水深、土壤水分含量、土壤营养微环境等生境特征对于生长于其间的植物有筛选或过滤作用，只有适宜该生境的植物才能生长（Ruhí et al，2014）。其次，物种与物种之间存在着竞争关系，尽管适应某种生境可能有很多种植物，究竟何种植物生长于其间可能要取决于物种的竞争能力，例如，对地上和地下资源利用更充分的物种可能在竞争中取胜（Merlin et al，2015）。再者，湿地中的随机过程对伴生种的分布可能也有影响（Li et al，2015）。例如，随机扩散使得某些植物的种子先占领某个空间或生境，从而更有利于后续阳光和土壤养分的争夺，为其最终的竞争取胜奠定了基础。

研究表明，全球植被 N 和 P 含量平均值分别为 20.10 mg/g 和 1.77 mg/g（Reich et al，2004），北美地区湿地植物的 N、P 含量变化范围分别为 0.8～42 mg/g、0.04～6.4 mg/g（Bedford et al，1999），欧洲湿地植物的 N、P 含量变化范围为 6～20 mg/g 和 0.2～3.3 mg/g（Koerselman et al，1996；Güsewell et al，2002）。与上述地区湿地相比较，试验站核心区湿地植物叶片 N（10.49～

46.97 mg/g)、P（0.75～4.15 mg/g）含量均在其范围内。与国内其他地区湿地相比较，调查区叶片 N 平均含量（28.2 mg/g）明显高于闽江口（王维奇 等，2011）、杭州湾（吴统贵 等，2010）、苏北潮滩（高建华 等，2007）、九段沙上沙（刘长娥 等，2008）、崇明东滩（赵美霞 等，2012）、洱海（鲁静 等，2011）等滨海、河口及内陆湖泊湿地等优势植物，也高于松嫩平原 80 多种草本植物（宋彦涛 等，2012），以及云南高原沉水植物（郝贝贝 等，2013）。叶片 P 平均含量（2.0 mg/g）则介于上述湿地植物之间。

挺水植物、湿生植物全碳含量相当，浮水植物、特别是沉水植物则明显偏低。叶 N、P 含量均表现为浮水植物和沉水植物高于湿生植物和挺水植物，这与熊汉锋等（2007）对梁子湖湿地植物 N、P 的研究结果一致，他认为不同生活型植物对各营养元素吸收具有选择性；此外，植物群落间的组成成分和生境条件间的差异也是造成植物营养元素含量差异的原因之一（莫大伦和吴建学，1988）。

叶 C∶N、C∶P 代表植物吸收营养元素时所能同化 C 的能力，反映了植物营养元素的利用效率，同时也代表着不同群落固碳效率的高低（贺金生和韩兴国，2010）。调查区不同生活型叶 C∶N 和 C∶P 均表现出湿生植物与挺水植物相当，高于沉水植物和浮水植物，说明挺水植物和湿生植物 N 利用效率较浮水植物和沉水植物更高。湿生植物带一年中经历频繁的干湿交替，土壤中的 N、P 等养分，特别是 N 处于极大的波动中。同时，由于地表径流与地下径流等影响极易造成土壤养分的流失，因此，湿生植物表现出较高的 C∶N 值很可能是对养分波动的一种适应。N∶P 值是植物养分限制状况的重要判断指标（曾德慧和陈广生，2005），Koerselman 等（1996）对欧洲湿地植物的研究表明，叶 N∶P > 16 意味着植物 P 受限，叶 N∶P < 14 意味着 N 受限，介于二者之间可能受 N、P 的共同限制。从生活型角度分析，挺水植物（16.68）生长受 P 限制，湿生植物（14.90）和沉水植物（15.18）受 N 与 P 共同限制，而浮水植物（10.84）则在植物生长期间更受 N 的限制。尽管 N∶P 被广泛应用于养分限制的判断，但不同生态系统类型 N、P 限制的 N∶P 阈值可能存在较大差异，因而利用化学计量关系来判断养分的限制还需要进一步野外施肥实验加以印证。

第7章
试验站核心区土壤微生物群落组成与生物量

微生物是土壤生态系统最重要、最活跃的组分之一，直接或间接参与了几乎所有的土壤发生、发育和发展的全过程，在维持生态系统功能方面发挥着重要作用。土壤微生物的种类、分布、生命活动以及与环境因子的关系是土壤微生物学的主要研究内容（林先贵，1991）。湿地仅占陆地面积的2%~6%，但其存储的碳却接近陆地土壤碳库的1/3（Smith et al, 2010; Kayranli et al, 2010）。由于长期处于淹水或水分过饱和状态，湿地土壤碳库积累了更多的活性有机碳组分，加之极高的碳密度，湿地土壤对气候变暖的反馈可能会更高（Fissore et al, 2009）。鉴于微生物在土壤有机碳分解与固持中的重要作用（Mau et al, 2015），以及纳入微生物过程可有效提高土壤碳循环模型精度（Wieder et al, 2013），亟须加强湿地生态系统微生物群落组成与多样性的研究。通过对南矶湿地野外综合试验站核心区优势植物群落下土壤微生物群落的调查，为进一步开展湿地微生物群落长期监测提供背景资料。

7.1 样品采集与分析

在试验站核心观测区，沿水位梯度采集了狗牙根、芦苇、南荻、菰、苔草、蔄草和黑藻7种优势植物群落下表层土壤样品。以"S"型随机多点采样混合在一起作为1个重复，每个植物群落类型均采集4~6个重复。采集的土样装于灭菌的保鲜袋密封并迅速带回实验室，剔除可见的动、植物残体和根系，一部分冷藏处理用于微生物生物量碳的测定，一部分于-80 ℃冰箱冷冻保存，用于微生物群落特征分析。在进行前期处理后，利用氯仿熏蒸浸提法测定微生物量碳，利用基于 16SrRNA 的高通量测序方法进行微生物群落组成的测定分析。高通量测序实验流程如图 7-1 所示。

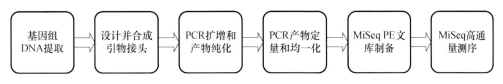

基因组 DNA 提取 → 设计并合成引物接头 → PCR 扩增和产物纯化 → PCR 产物定量和均一化 → MiSeq PE 文库制备 → MiSeq 高通量测序

图 7-1　高通量测序实验流程图

7.2　微生物群落组成分析

（1）覆盖率（Coverage）

是指各样本文库的覆盖率，其数值越高，则样本中序列被测出的概率越高，而没有被测出的概率越低。该指数反映测序结果是否代表了样本中微生物的真实情况。

$$C = 1 - \left(\frac{n_i}{N} \right)$$

式中：n_i 为含有 i 序列的分类单元（OTU）数目；N 为所有的序列数。

（2）群落丰度指数

① Chao1 指数

是指用 Chao1 算法估计样品中所含 OTU 数目的指数，由 Chao 于 1984 年最早提出。计算公式如下：

$$S_{chao1} = S_{obs} + \frac{n_1(n_1 - 1)}{2(n_2 - 2)}$$

式中：S_{chao1} 为估计的 OTU 数；S_{obs} 为实际观测到的 OTU 数；n_1 为只含有一条序列的 OTU 数目；n_2 为只含有两条序列的 OTU 数目。

② Ace 指数

该指数是用来估计群落中 OTU 数目的指数，由 Chao 提出，是生态学中估计物种总数的常用指数之一，与 Chao 1 的算法不同。本次分析使用计算公式如下：

$$若 \gamma^2_{Ace} < 0.80,\ S_{Ace} = S_{abound} + \frac{S_{rare}}{C_{Ace}} + \frac{n_1}{C_{Ace}}$$

$$若 \gamma^2_{Ace} \geq 0.80,\ S_{Ace} = S_{abound} + \frac{S_{rare}}{C_{Ace}} + \frac{n_1}{C_{Ace}}$$

式中：$C_{\mathrm{Ace}} = \dfrac{n_1}{N_{rare}}$ ；$N_{rare} = \sum\limits_{i=1}^{\mathrm{abound}} i n_i$ ；$\gamma_{\mathrm{Ace}}^2 = \max\left[\dfrac{S_{\mathrm{rare}} \sum\limits_{i=1}^{\mathrm{abound}} i(i-1)\, n_i}{C_{\mathrm{Ace}}\, N_{rare}\,(N_{rare}-1)} - 1, 0 \right]$ ；

n_i 为含有 i 条序列的 OTU 数目；S_{rare} 为含有"abound"条序列或者少于"abound"的 OTU 数目；S_{abound} 为多于"abound"条序列的 OTU 数目；abound 为"优势"OTU 的阈值，默认为 10。

（3）多样性指数

① Simpson 多样性指数

用来估算样品中微生物多样性指数之一，Simpson 指数值越大，说明群落多样性越低。

$$D_{\mathrm{Simpson}} = \frac{\sum\limits_{i=1}^{S_{\mathrm{obs}}} n_i (n_i - 1)}{N(N-1)}$$

式中：S_{obs} 为实际观测到的 OTU 数目；n_i 为含有 i 条序列的 OTU 数目；N 为所有的序列数。

② Shannon-Wiener 多样性指数

用来估算样品中微生物多样性指数之一。它与 Simpson 多样性指数常用于反映 α 多样性指数。Shannon 值越大，说明群落多样性越高。

$$H_{\mathrm{Shannon}} = -\sum\limits_{i=1}^{S_{\mathrm{obs}}} \frac{n_i}{N} \ln \frac{n_i}{N}$$

式中：S_{obs} 为实际测量出的 OTU 数目；n_i 为含有 i 序列的 OTU 数目；N 为所有的序列数。

7.3　不同植物群落类型下土壤微生物组成

7.3.1　土壤微生物群落的丰度与多样性

由图 7-2 可知，各样品文库之间覆盖率差异不显著，7 个土壤样品文库的覆盖率范围为 98.59%～99.49%，表明本次调查的土壤样品中基因序列被检测出的概率很高，高通量测序的结果足以充分反映湿地土壤微生物群落结构与多样性的真实情况。

7 个土壤样品的丰度指数如图 7-3a，b 所示，土壤微生物群落丰度的 Ace

指数与 Chao1 指数的变化趋势是一致的，即藨草＞黑藻＞菰＞南荻＞狗牙根
＞苔草＞芦苇。7 种植物群落下土壤微生物丰度与多样性的变化趋势不完全同
步，多样性指数如图 7-3c, d 所示，其中 Shannon 指数指示的微生物群落多样
性表现为：菰＞藨草＞黑藻＞苔草＞狗牙根＞芦苇＞南荻，Simpson 指示的微
生物群落多样性与 Shannon 指数基本一致，即藨草＞菰＞黑藻＞苔草＞狗牙根
＞芦苇＞南荻，表明藨草群落土壤微生物群落多样性最高且分布均匀。

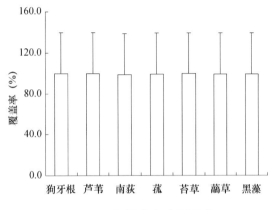

图 7-2　各样本文库覆盖率

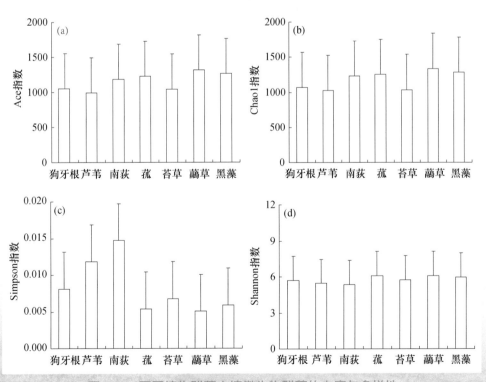

图 7-3　不同植物群落土壤微生物群落的丰度与多样性

7.3.2　土壤微生物群落组成

经统计分析表明，调查区域 7 种优势植物群落类型下土壤样品的 1707 条 OTUs 分属于 43 个门，85 个纲，184 个目，297 个科，410 个属，730 个种。图 7-4 为门水平上的微生物群落分类。相对丰度较高的分别为变形菌门（*Proteobacteria*，35.01%），酸杆菌门（*Acidobacteria*，22.06%），绿弯菌门（*Chloroflexi*，15.2%），放线菌门（*Actinobacteria*，5.99%），芽单胞菌门（*Gemmatimonadetes*，3.84%），硝化螺旋菌门（*Nitrospirae*，2.97%），降氨酸菌门（*Aminicenantes*，2.88%）和拟杆菌门（*Bacteroidetes*，2.58%）。其中变形菌门、酸杆菌门、绿弯菌门、放线菌门的序列总和占全部序列的 78.26%，这些微生物为优势菌种。同时这也表明虽然植物群落类型不同，但处于相同生境中的微生物群落组成具有一定相似性。

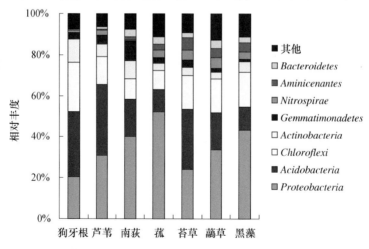

图 7-4　不同植物群落类型下土壤微生物门水平相对丰度

（平均丰度低于 1.5% 的部分合并为"其他"在图中显示）

变形菌门是调查区域湿地土壤最优势的微生物群落，主要包括 α- 变形菌纲（*Alphaproteobacteria*，10.75%）、β- 变形菌纲（*Betaproteobacteria*，10.9%）、δ- 变形菌纲（*Deltaproteobacteria*，8.35%）和 γ- 变形菌纲（*Gammaproteobacteria*，4.68%）；ε- 变形菌纲（*Epsilonproteobacteria*）平均丰度仅

为 0.3%，主要分布在菰、藕草和黑藻群落中（图 7-5）。

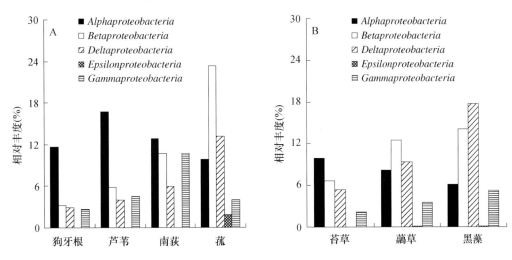

图 7-5　不同植物群落土壤微生物变形菌门各纲相对丰度

进一步的分析表明，土壤微生物相对丰度沿水位梯度具有一定的变化趋势。变形菌门的相对丰度存在先增大后减小的趋势，在菰群落达到最大；酸杆菌门自湖滨高滩地至沉水植物区大致表现出先减小后增大的趋势，在菰群落则最小；绿弯菌门相对丰度呈现出先减小后增大的趋势，在菰群落达到最低；放线菌门不存在明显的变化趋势，在狗牙根和南荻群落较高，在藕草群落最小；芽单胞菌门在南荻群落达到最大，自湖滨高滩地至沉水植物区呈先增大后减小的趋势；硝化螺旋菌门基本表现出不断增大的趋势；降氨酸菌门呈先增大后减小的趋势；拟杆菌门自湖滨高滩地至沉水植物区无明显变化趋势。

图 7-6 为属分类水平上的微生物群落分类，将平均丰度低于 1.5% 的部分合并为"其他"在图中显示，剩余 17 个属水平分类中有 7 个属于分类学数据库分类学谱系的中间等级，没有科学名称，以"norank"作为标记；5 种微生物属于未培养细菌，以"uncultured"表示；还有 1 种是在数据库中没有找到对应于该序列的分类信息，以"unclassified"作为标记。属水平分类微生物包括大量未分类和未培养的微生物，给研究微生物的生态功能带来困难。酸杆菌科中的一部分属水平未培养微生物（Acidobacteriaceae_Subgroup_1_uncultured）是相对丰度最高的属，平均丰度为 5.57%，占酸杆

菌门的 38.96%，沿湖滨高滩地至挺水植物区、自湿生植物区至沉水植物区均呈现减小趋势，分别是狗牙根、芦苇和苔草群落土壤微生物相对丰度最大的属，但在菰和黑藻群落相对丰度却很低，分别为 0.37%、0.28%。厌氧绳菌科的一部分属水平未培养微生物（Anaerolineaceae_uncultured）平均丰度为 4.69%，占绿弯菌门的 32.83%，是藨草群落相对丰度最高的属。硝化螺菌属（Nitrospira）的平均丰度为 2.97%，是硝化螺旋菌门的唯一属水平分类，也是藨草群落相对丰度第二大的属。芽单胞菌科中的一部分属水平未培养微生物（Gemmatimonadaceae_uncultured）平均丰度为 2.89%，占芽单胞菌门的 20.22%，是南荻群落相对丰度最高的属。亚硝化单胞菌科的一部分属水平未培养细菌（Nitrosomonadaceae_uncultured）平均丰度为 2.36%，占变形菌门的 16.53%，主要分布在芦苇、菰、苔草和藨草群落土壤微生物中。

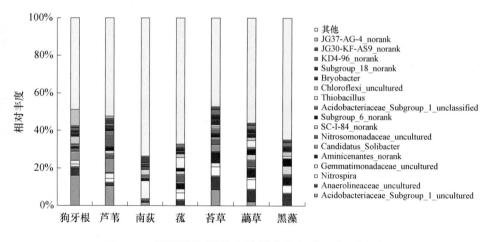

图 7-6　不同植物群落土壤微生物属水平相对丰度

7.3.3　土壤微生物群落结构差异

对 7 种不同植物群落类型下土壤中 OTU 的组成进行主成分分析（PCA），发现第一主轴和第二主轴的贡献率分别为 37% 和 24.61%（图 7-7）。黑藻和菰群落之间的距离最近，表明两者土壤 OTU 组成相近；藨草和南荻，苔草与藨草，以及藨草和菰群落的土壤 OTU 组成也相近，但差异性大于黑藻和菰群落；狗牙根和芦苇群落同其他 5 种植物群落土壤 OTU 组成的差异都较大，二者与苔草群落的差异相对较小。沿湖滨高滩地至沉水植物区，空间位置相近的土壤微生物群落结构也相对较近；南荻和菰，以及藨草和黑藻群落的微生物群落结构相近，芦苇和苔草的微生物群落结构也相对较近，但南荻和狗牙根群落的微生物群落结构差异最大。

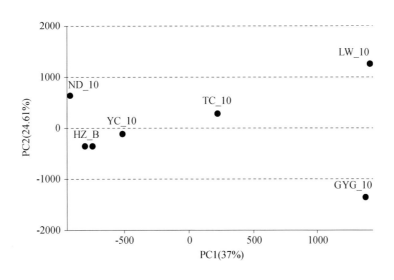

图 7-7　不同植物群落土壤 OTU 主成分分析

菰、藨草和黑藻群落土壤具有相近的微生物群落结构，相对丰度最高的均为变形菌门，分别为 52.14%、33.77% 和 43.33%。除变形菌门外，菰群落相对丰度较高的分别是酸杆菌门（11.04%）、绿弯菌门（9.17%）和放线菌门（3.65%），相对丰度较低的分别为硝化螺旋菌门（3.52%）、拟杆菌门（3.46%）和降氨酸菌门（3.11%）；藨草群落相对丰度较高的分别为酸杆菌门（18.07%）、绿弯菌门（16.39%）和硝化螺旋菌门（5.06%），相对丰度较低的分别是降氨酸菌门（4.59%）、拟杆菌门（3.95%）和放线菌门（3.26%）；黑藻群落相对丰度较高的分别为绿弯菌门（16.97%）、酸杆菌门（11.23%）和放线菌门（5.06%），降氨酸菌门（4.15%）、硝化螺旋菌门（3.7%）和拟杆菌门（3.06%）。

菰、藨草和黑藻土壤微生物群落相对丰度最低的均为芽单胞菌门，分别为2.67%、2.09%和1.32%。芦苇和苔草群落的土壤微生物群落结构也相对较近，相对丰度最高的都是酸杆菌门，分别为34.5%和29.46%。芦苇群落相对丰度较高的分别有变形菌门（31.12%）、绿弯菌门（13.66%）和放线菌门（5.73%），相对丰度较低的分别有芽单胞菌门（4.7%）、硝化螺旋菌门（2.16%）和拟杆菌门（0.82%）；苔草群落相对丰度较高的分别为变形菌门（24.09%）、绿弯菌门（16.32%）和降氨酸菌门（6.09%），相对丰度较低的有硝化螺旋菌门（4.79%）、放线菌门（4.06%）和芽单胞菌门（3.49%）；芦苇群落相对丰度最低的都是降氨酸菌门（0.68%），苔草群落相对丰度较低的是拟杆菌门（2.39%）。

同其他5种植物群落类型相比，南荻和狗牙根群落土壤微生物群落结构差异最大，南荻群落相对丰度最高的是变形菌门（40.25%），其次为酸杆菌门（18.17%）、绿弯菌门（9.99%）和芽单胞菌门（9.71%），相对丰度较低的分别为放线菌门（8.70%）、拟杆菌门（3.72%）和降氨酸菌门（1.56%），相对丰度最低的是硝化螺旋菌门，仅为0.37%；狗牙根群落相对丰度最高的是酸杆菌门（31.94%），其次是绿弯菌门（23.94%）、变形菌门（20.38%）和放线菌门（11.45%），相对丰度较低的是芽单胞菌门（2.9%）、硝化螺旋菌门（1.21%）和拟杆菌门（0.68%），最低的是降氨酸菌门，仅为0.01%。

将7种不同植物群落土样中包含的各微生物群落相对丰度进行聚类分析并做出高德热力图（heatmap），可以反映各植物群落土壤微生物群落结构的差异性。如图7-8所示，各植物群落土样间的差异与上述样品相似性分析结果一致。芦苇与苔草相似度接近先聚在一起，再与狗牙根聚为第一类；黑藻与藨草相似度较为接近先聚在一起，再与菰和南荻聚为第二类。

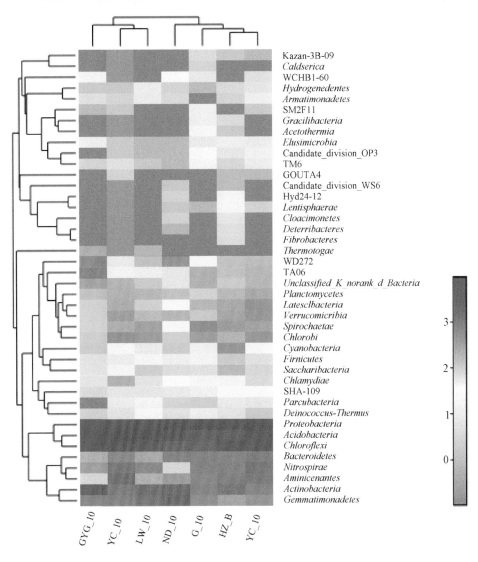

图 7-8　不同植物群落土壤微生物高德热力图

7.4　土壤微生物生物量碳

7 种植物群落类型下土壤微生物生物量碳（MBC）变化范围为 14.71～302.95 mg/kg，其中以苔草群落最大，沉水植物区的黑藻群落最低（图 7-9）。土壤微生物量碳与总有机碳之间呈显著正相关（$r=0.52,P<0.01$）（图 7-10）。

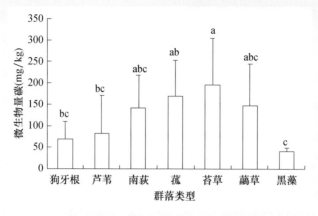

图 7-9　不同群落类型下土壤微生物生物量碳分布特征
(图中不同小写字母表示在 $P < 0.05$ 的水平上差异显著)

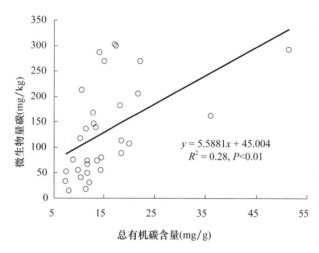

$y = 5.5881x + 45.004$
$R^2 = 0.28, P<0.01$

图 7-10　土壤微生物量碳与总有机碳之间的关系

7.5　讨论

地表植物群落类型在一定程度上决定了土壤微生物群落的组成和结构 (毕江涛 等，2009)，这主要是植物通过其凋落物和地下根系分泌物为土壤微生物提供营养和能量，不同的植物根系分泌物的化学特性及根系周转速率存在差异，对土壤微生物生长的刺激作用具有选择性，进而影响微生物群落结构和功能及其多样性 (Kowalchuk et al，2002)。黄河三角洲湿地植物群落在由裸滩向芦苇群落演替过程中，土壤微生物群落的丰度与多样性显著增加 (Yu et al，2012)。长江口九段沙湿地互花米草和芦苇等优势植物群落有利于土壤微生物群落多样性和结构的优化（Tang et al, 2011）。而在本调查区 7种湿地植物群落类型中，土壤微生物群落丰度与多样性的变化趋势不完全同步，同时，空间位置相近的土壤微生物群落结构也具有一定的相似性。有研究表明，土壤微生物群落的多样性与植物群落生产力水平呈正相关，生产力水平越高，其土壤微生物群落多样性越丰富。调查区蔗草群落的土壤微生物群落丰度与多样性相对较高，这可能与蔗草群落生物量及凋落物量较大且易于分解有关，此外，蔗草群落多生长于洲滩碟形洼地边缘，处于沼生植物与湿生植物生境的过渡区域，有利于微生物群落的生长和繁殖。

由于鄱阳湖水位季节性变化，不同湿地植物群落土壤在淹水频率与淹水时间上存在显著差异，调查区菰群落也显示出较高的土壤微生物群落丰度与多样性，这主要是由于菰属于大型挺水植物，有机体归还土壤大，且所处生境多有浅层地表水，土壤有机碳含量高，为微生物提供了充足的碳源。同为挺水植物的芦苇群落的土壤微生物群落丰度与多样性却较低，这主要是由于芦苇群落多分布于堤坝或洲滩地势较高的地方，土壤质地偏砂质，土壤水分含量相对降低，导致有机质含量相对于菰和蔗草群落明显偏低，此外，芦苇立地较高，枯萎后凋落物难以立即归还土壤，且秸秆同其他湿地植物相比不易腐化，导致微生物可利用的碳源很少，进而降低了其微生物群落的丰度与多样性（王晓龙 等，2010）。沉水植物区的黑藻群落土壤微生物群落丰度与多样性也较高，很可能是因为枯水期洲滩退水后，部分外源有机质积聚于湖滩低洼常年积水地段，为微生物生存提供了丰富的营养，促进了微生物群落的丰度与多样性。

不同植物群落土壤微生物的群落结构也存在明显不同。南荻、菰、苔草和蔗草群落土壤微生物群落相对丰度最高的都是变形菌门。变形菌门是微生物群落中的一大类，在其他地区的湿地中亦具有最高的相对丰度，如中国的内蒙古高原乌梁素海湖滨湿地（李靖宇 等，2015）、纳帕海高原湿地（陈伟 等，2015）、青藏高原湖泊湿地（Yun et al, 2014; Deng et al, 2014）、黄河三角洲湿地（Yu et al, 2012）、香港红树林湿地（Jiang et al, 2013）以及美国 Olentangy 河岸湿地（Ligi et al, 2014）和城市污水处理人工湿地（Ansola et al, 2014）等。调查区变形菌门主要包括 α- 变形菌纲、β- 变形菌纲和

δ- 变形菌纲。其中 α- 变形菌纲和 β- 变形菌纲包括与植物根系存在共生关系的一些固氮微生物群落（Dedysh et al，2004），这种共生关系会对变形菌门在根际土中的相对丰度产生深远影响。相对丰度较高的 α- 变形菌纲和 β- 变形菌纲能够使土壤具有更强的固氮能力。β- 变形菌纲通常可以利用有机物分解产生的 NH_3、CH_4 等营养物质；而 δ- 变形菌纲中包含了大量以吞食其他微生物维持生存的微生物，此外，在对湿地 N、P、S 和有机质循环方面有重要作用（Lv et al，2014）。

酸杆菌门是狗牙根、芦苇和苔草群落相对丰度最高的门，也是调查区土壤平均相对丰度第二高的门，酸杆菌门中包含大量未培养微生物，目前研究较少，但广泛存在于土壤中，16S rRNA 基因克隆文库的分析表明，酸杆菌门在典型土壤的相对丰度约为 20%（Janssen et al，2006），与本区平均丰度（16.7%）接近；Zeglin 等（2010）沿水分梯度研究河流冲积物中微生物群落变化，结果表明酸杆菌门在干旱土壤中的相对丰度较高，这与本次调查结果相似。酸杆菌门在地势较高的芦苇群落最高，狗牙根群落次之。绿弯菌门是试验站核心区平均相对丰度第三高的门，也是狗牙根和黑藻群落土壤相对丰度第二高的门。绿弯菌门是一种能通过光合作用并以 CO_2 为碳源产生能量的微生物（Klatt et al，2013），它具有绿色的色素，包含作为反应中心的菌绿素和作为天线分子的菌绿素，通常位于称作绿体的微囊中（Lv et al，2014）。另外有研究表明，在水位频繁变化的潮间带绿弯菌门相对丰度较高（Lv et al，2014；Wang et al，2012c）。试验站核心区 7 种不同植物群落土壤中，藜草与黑藻的绿弯菌门相对丰度较高，可能也与其频繁的水位变化有关。调查区土壤硝化螺旋菌门只包含了硝化螺菌属（*Nitrospira*）一个属，硝化螺菌属也是藜草群落第二高的属分类单元；一般湿地土壤的硝化螺旋菌门丰度很小（< 1%）（Lv et al，2014），略低于本次调查的结果（2.97%），另外，亚硝化单胞菌科的一部分属水平未培养微生物（Nitrosomonadaceae_ uncultured）也是变形菌门相对丰度最高的属分类单元。

试验站核心区微生物量碳含量低于三江平原湿地（万忠梅 等，2009），与洞庭湖湿地（彭佩钦 等，2005）相近，高于云南纳帕海湿地（赖建东 等，2014）。以往在不同湿地类型的研究中发现 MBC 与总有机碳含量呈显著正相关关系，因而在区域上的分布格局与总有机碳相近（Xiao et al，2015；Wang et al，2012a）。本次调查亦发现 MBC 与土壤总有机碳（SOC）之间呈显著正相关，SOC 可以解释 MBC 28% 的变异（图 7-10）。研究表明，随着湿地水位的升高，土壤 MBC 含量降低（杨桂生 等，2010），且季节性淹水湿地类型 MBC 含量高于长期淹水湿地类型（Xiao et al，2015）。本次调查结果与文献报道相似，表现出季节性淹水频率较高的灰化苔草群落表层土壤的 MBC 显著高于常年淹水的沉水植物区（黑藻群落），以及发育于地势更高、淹水频率较低的芦苇、狗牙根群落。进一步的分析表明，7 种群落下土壤微生物生物量碳与微生物的丰度、多样性之间并未保持一致，如沉水植物区的黑藻群落具有较高的微生物多样性，但其微生物生物量碳在所有的群落中表现为最低；同样，灰化苔草群落的微生物生物量碳最高，但其多样性在 7 种群落中则处于中间水平。

第8章
试验站核心区底栖动物特征

　　底栖动物生活史的全部或大部分时间生活于水体底部，处于水生生物食物网中间环节，在食物网能量流动中起着枢纽作用，在水生态系统中具有极其重要的生态学作用。多数底栖动物对环境的变化十分敏感，当水环境变化时，其群落结构也会不同程度地发生改变（Morse et al，1984；蔡永久 等，2010；徐梦珍 等，2012）。

　　大多数底栖动物具有区域性强、迁移能力弱等特点，对于环境污染及变化通常少有回避能力。相比于浮游藻类和着生藻类，受干扰后其群落的重建需要相对较长的时间。多数底栖动物种类个体较大，易于用解剖镜和显微镜辨认。诸多底栖动物类群中，各类底栖动物对环境条件的适应性、污染等不利因素的耐受力和敏感程度不同（Morse et al，1984；刘月英，1979；梁象秋，1996）。因此，底栖动物的种群结构、优势种类、数量等参量通常被用于构建生物指标，评估湿地生态系统状况（段学花 等，2007；蔡永久 等，2010；Huang et al，2015）。

　　鄱阳湖的周期性水位变化，孕育了广大湿地，湿地微地貌复杂，有水域、洲滩、岛屿、水道、湖湾、港汊、内湖等，复杂的生境是鄱阳湖湿地底栖动物群落多样性的基础（王野乔 等，2016）。本章通过对南矶湿地野外综合试验站核心观测区底栖动物的调查，为进一步开展湿地生物群落长期监测、评估和管理提供背景资料（黄琪 等，2017）。

8.1　样点设置与样品采集

　　湿地底栖动物采用 D 形网和 1/16 m² 改良 Peterson 采泥器相结合的方式进行定量采集。每样点在 9 m² 范围内，尽量选择生境复杂性较高的区域开

展复合生境采样，每个样点采集距离 6～10 m，根据生境类型的比例分配
各生境的采样次数，最终采样面积为 1.5～2.5 m²。将采集的样品混合在一起，
采用网孔径为 40 目的尼龙筛网进行洗涤，剩余物带回实验室进行分样。在
实验室内，将洗净的样品置入白色搪瓷盘中，加入清水，利用尖嘴镊、吸管、
毛笔、放大镜等工具进行工作，挑拣出的各类动物，分别放入已装好固定液
的 150 mL 塑料瓶或塑料封口袋中，直到采样点采集到的标本全部检测完。

8.2 鉴定方法

在底栖动物的鉴定工作中，按照《中国经济动物志——淡水软体动
物》《中国摇蚊科幼虫生物系统学研究》《水生生物学》等参考资料，软
体和水栖寡毛纲的优势种尽量鉴定至种，摇蚊科幼虫一般鉴定至属，其
他水生昆虫鉴定至尽可能低的分类水平。把每个采样点所采集到的底栖动
物按不同种类准确地统计个体数，根据采样面积推算出 1 m² 内的数量，包
括每种的密度和总密度（个 /m²），样品称重获得的结果换算为 1 m² 面积上
的生物量（g/m²）（刘月英，1979；梁象秋 等，1996；唐红渠，2006）。

8.3 底栖动物种类组成

在此次试验站核心区的综合调查中，我们分别在 2016 年 10 月和 2017
年 4 月进行了定量采样，为补充定量采样不足，同期还进行了定性调查。采
样结果中底栖动物的种类组成如表 8-1 所示。

表 8-1 试验站核心区内大型底栖动物名录 *

序号	中文名（学名）	2016 年 10 月	2017 年 4 月	定性
环节动物				
1	苏氏尾鳃蚓 *Branchiura sowerbyi*	+	+	
2	霍普水丝蚓 *Limnodrilus hoffmeisteri*	+	+	
节肢动物				
5	羽摇蚊 *Chironomus plumosus*	+	+	
6	雕翅摇蚊一种 *Glyptotendipes* sp.	+		

续表

序号	中文名（学名）	2016 年 10 月	2017 年 4 月	定性
7	中国长足摇蚊 *Tanypus chinensis*	+	+	
8	渐变长跗摇蚊 *Tanytarsus mendax*	+		
9	前突摇蚊属一种 *Procladius* sp.	+	+	
10	菱跗摇蚊属一种 *Clinotanypus* sp.	+		
11	红裸须摇蚊 *Propsilocerus akamusi*	+	+	
12	枝角摇蚊属一种 *Cladopelma* sp.		+	
13	摇蚊属一种 *Chironomus* sp.		+	
14	小摇蚊属一种 *Microchironomus* sp.	+	+	
15	多足摇蚊属一种 *Procladius* sp.		+	
16	水龟虫科一种 *Hydrophilidae* sp.		+	
17	小划蝽 *Sigara quadriseta*			+
18	新米虾属一种 *Neocaridina* sp.	+	+	+
19	克氏螯虾 *Palinuridae*			+
20	螅一种 *Coenagrionidae* sp.			+
软体动物				
21	长角涵螺 *Alocinma longicornis*	+	+	+
22	铜锈环棱螺 *Bellamya aeruginosa*	+	+	+
23	纹沼螺 *Parafossarulus striatulus*	+	+	+
24	大沼螺 *Parafossarulus eximius*	+		+
25	方形环棱螺 *Bellamya quadrata*	+	+	+
26	梨形环棱螺 *Bellamya purificata*	+	+	+
27	中华沼螺 *Parafossarulus sinensis*		+	+
28	中国圆田螺 *Cipangopaludina chinensis*			+
29	圆顶珠蚌 *Unio douglasiae*			+
30	三角帆蚌 *Hyriopsis cumingii*			+
31	背角无齿蚌 *Anodonta woodiana*			+
32	淡水壳菜 *Limnoperna lacustris*	+	+	+

注: * 本名录包含定性调查的结果。

在 2016 年 10 月的定量调查中，共采集底栖动物 18 种，隶属于 3 门 6 纲 8 科。其中软体动物门 3 纲 4 科 7 种，占总种数的 38.89%；环节动物门 1 纲 1 科 2 种，占总种数的 11.11%；节肢动物门 2 纲 4 科 9 种，占总种数的 50%，其中昆虫纲 8 种，占总数的 44.44%，甲壳纲 1 种，占总种数的 5.56%（图 8-1）。从组成的种类来看，试验站核心区湿地秋季大型底栖动物的组成主要以节肢动物昆虫纲摇蚊科为主，软体动物次之。

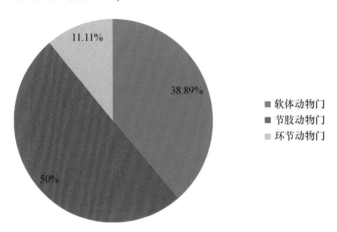

图 8-1　秋季试验站核心区湿地大型底栖动物结构组成

2016 年 10 月调查结果中，按照生物种类出现的频率，出现最高的五种大型底栖动物分别是，长角涵螺（*Alocinma longicornis*）、铜锈环棱螺（*Bellamya aeruginosa*）、纹沼螺（*Parafossarulus striatulus*）、羽摇蚊（*Chironomus plumosus*）、前突摇蚊属一种（*Procladius* sp.），随后是苏氏尾鳃蚓（*Branchiura sowerbyi*）、雕翅摇蚊一种（*Glyptotendipes severini-type*）、背角无齿蚌（*Anodonta woodiana woodiana*）。长角涵螺与铜锈环棱螺软体动物是南矶湿地两类最常见的底栖动物，且软体动物腹足纲占据总出现频率前五种的三种（图 8-2）。

在 2017 年 4 月的调查中，共采集底栖动物 19 种，隶属于 3 门 6 纲 9 科。其中软体动物门 3 纲 4 科 7 种，占总种数的 36.84%；环节动物门 1 纲 1 科 2 种，占总种数的 10.53%；节肢动物门 2 纲 4 科 10 种，占总种数的 52.63%，其中昆虫纲 9 种，占总数的 47.37%，甲壳纲 1 种，占总种数的 5.26%（图 8-3）。从组成的种类来看，南矶湿地春季大型底栖动物的组成主要以节肢动物昆虫纲摇蚊科为主。

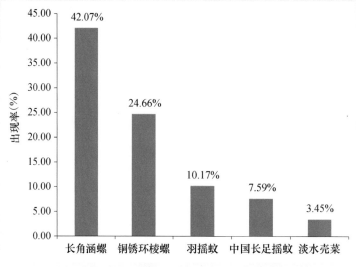

图 8-2　试验站核心区 10 月常见底栖动物种类

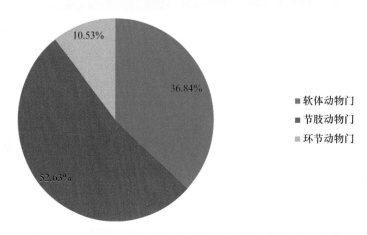

图 8-3　春季试验站核心区湿地大型底栖动物结构组成

据 2017 年 4 月的调查结果，按照生物种类出现的频率，调查出现最高的五种大型底栖动物分别是：长角涵螺 (*Alocinma longicornis*)、羽摇蚊 (*Chironomus plumosus*)、铜锈环棱螺 (*Bellamya aeruginosa*)、红裸须摇蚊 (*Propsilocerus akamusi*) 与前突摇蚊属一种 (*Procladius* sp.)。长角涵螺与羽摇蚊是南矶湿地两类最常见的底栖动物，而摇蚊占据总出现频率前五种的三种（图 8-4）。

综合两次调查结果，共采集底栖动物 22 种，隶属于 3 门 6 纲 11 科，其中软体动物门 3 纲 4 科 8 种，占总种数的 36.36%；环节动物门 1 纲 1 科 2 种，占总种数的 9.09%；节肢动物门 2 纲 6 科 12 种，占总种数的 54.55%，其中昆虫纲 11 种，占总数的 50.00%，甲壳纲 1 种，占总种数的 4.55%（图 8-5）。

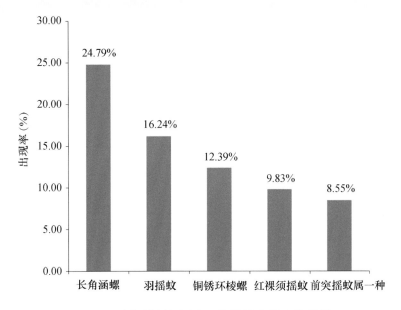

图 8-4　试验站核心区 4 月常见底栖动物种类

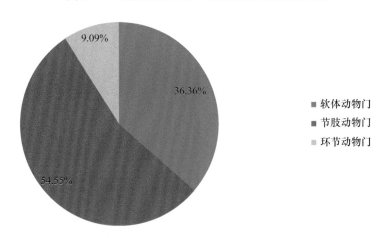

图 8-5　试验站核心区湿地大型底栖动物结构组成

　　按照生物种类出现的频率，两次调查结果出现最高的五种大型底栖动物分别是：长角涵螺（*Alocinma longicornis*）、铜锈环棱螺（*Bellamya aeruginosa*）、羽摇蚊（*Chironomus plumosus*）、中国长足摇蚊（*Tanypus chinensis*）与前突摇蚊属一种（*Procladius* sp.）。总体而言，南矶湿地大型底栖动物种类相对稳定，以软体动物腹足纲和节肢动物摇蚊科为优势物种，优势种为长角涵螺（图 8-6）。

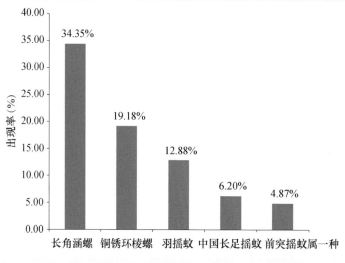

图 8-6 试验站核心区两次调查常见底栖动物种类

8.4 底栖动物密度

2016 年 10 月和 2017 年 4 月两次采样结果中底栖动物的密度组成如下：在 2016 年 10 月的调查中，底栖动物的总密度达到 48.33 个 /m²，各类生物类群的密度具有明显差异，其中腹足纲平均密度达到 34.33 个 /m²，占比高达 71.03%，其次为昆虫纲，密度为 10.25 个 /m²，占比 21.21%，寡毛纲和双壳纲密度超过 1 个 /m²，分别为 1.67 个 /m² 和 1.92 个 /m²，占比 3.45% 和 3.97%，甲壳纲密度低于 1，为 0.17 个 /m²，占比为 0.34%（图 8-7）。寡毛纲、双壳纲、腹足纲、昆虫纲、甲壳纲在试验站核心区的空间分布如图 8-8～图 8-12 所示。

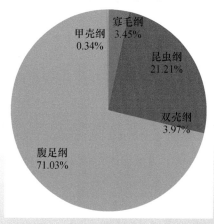

图 8-7 试验站核心区 2016 年 10 月底栖动物密度组成

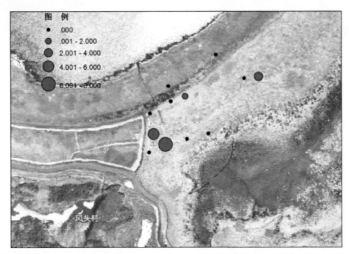

图 8-8　试验站核心区 2016 年 10 月寡毛纲密度空间分布格局

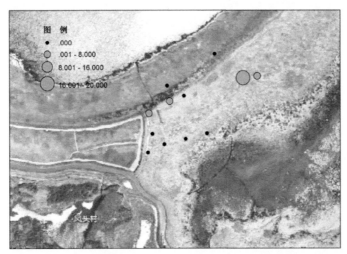

图 8-9　试验站核心区 2016 年 10 月双壳纲密度空间分布格局

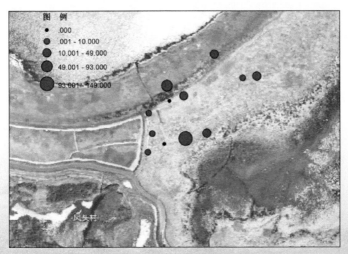

图 8-10　试验站核心区 2016 年 10 月腹足纲密度空间分布格局

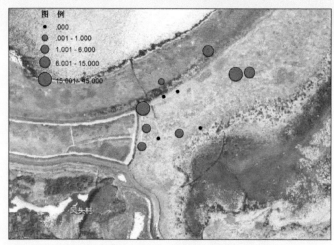

图 8-11 试验站核心区 2016 年 10 月昆虫纲密度空间分布格局

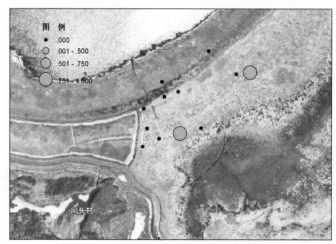

图 8-12 试验站核心区 2016 年 10 月甲壳纲密度空间分布格局

在 2017 年 4 月的调查中，底栖动物的总密度达到 36.00 个 /m²，各类生物类群的密度具有明显差异，其中腹足纲平均密度达到 16.23 个 /m²，占比达 45.09%，其次为昆虫纲，密度为 15.23 个 /m²，占比 42.31%，寡毛纲密度为 3 个 /m²，占比 8.33%、甲壳纲和双壳纲密度低于 1 个 /m²，分别为 0.92 个 /m² 和 0.62 个 /m²，占比分别为 2.56%、1.71%（图 8-13）。从组成的比例结构来看，调查区域不同季节的底栖动物组成结构差异较大，主要表现为春季寡毛纲、昆虫纲动物密度增加了近一倍，而腹足纲动物密度减少。其原因是春季寡毛纲、昆虫纲动物在水位、气温快速上涨的过程中因个体较小，能够更快繁殖，增长较快。而一些腹足纲动物尚未孵化，因而密度相对较低。此外，甲壳纲动物春季的密度也远大于秋季，主要原因是秋季退水后，甲壳纲动物（主要是虾）随水游走、被捕获或被鸟类捕食，因此大幅减少。双壳纲个体较大，总体的比例变化较小。

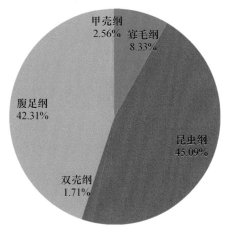

图 8-13　试验站核心区 2017 年 4 月底栖动物密度组成

8.5　底栖动物生物量

2016 年 10 月和 2017 年 4 月两次采样结果中底栖动物的密度组成如下。在 2016 年 10 月的调查中，调查点位底栖动物的平均生物量达到 32.81 g/m²，各类生物类群的生物量具有明显差异，其中腹足纲平均生物量达到 31.10 g/m²，占比高达 94.77%，其次为双壳纲，平均生物量为 1.68 g/m²，占比 5.11%，昆虫纲平均生物量为 0.03 g/m²，占比为 0.10%。寡毛纲和甲壳纲平均生物量小于 0.01 g/m²，生物量占比为 0.01%（图 8-14）。

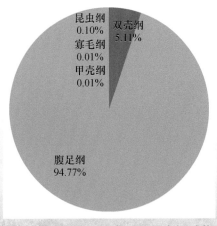

图 8-14　试验站核心区 2016 年 10 月底栖动物生物量组成

在 2017 年 4 月的调查中，底栖动物的平均生物量达到 14.54 g/m^2，各类生物类群的生物量具有明显差异，其中腹足纲平均生物量达到 13.21 g/m^2，占比高达 90.79%，其次为双壳纲，平均生物量为 1.30 g/m^2，占比 8.97%，甲壳纲平均生物量为 0.02 g/m^2，占比为 0.14%。寡毛纲和昆虫纲平均生物量约为 0.01 g/m^2，生物量占比为分别为 0.05% 和 0.04%。试验站核心区寡毛纲、双壳纲、腹足纲、昆虫纲和甲壳纲生物量的空间分布格局如图 8-15～图 8-19 所示。

从组成的比例结构来看，调查区域不同季节的底栖动物生物量组成结构差异不大，不论是春季还是秋季，腹足纲占据绝对优势，均超过 90%，但是双壳纲、寡毛纲、昆虫纲和甲壳纲动物在春季生物量均有成倍增加，这与南矶湿地春季气温上升及底栖动物的生活史周期变化有关（图 8-20～图 8-25）。

图 8-15　试验站核心区 2016 年 10 月寡毛纲生物量空间分布格局

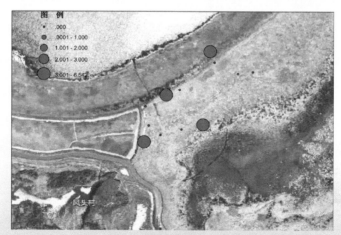

图 8-16　试验站核心区 2016 年 10 月双壳纲生物量空间分布格局

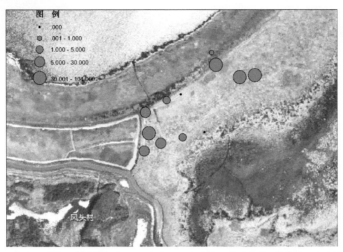

图 8-17　试验站核心区 2016 年 10 月腹足纲生物量空间分布格局

图 8-18　试验站核心区 2016 年 10 月昆虫纲生物量空间分布格局

图 8-19　试验站核心区 2016 年 10 月甲壳纲生物量空间分布格局

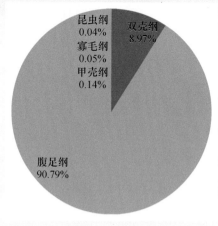

图 8-20　试验站核心区 2017 年 4 月底栖动物生物量组成

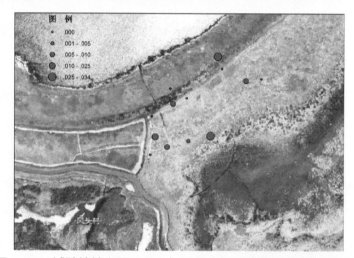

图 8-21　试验站核心区 2017 年 4 月寡毛纲生物量空间分布格局

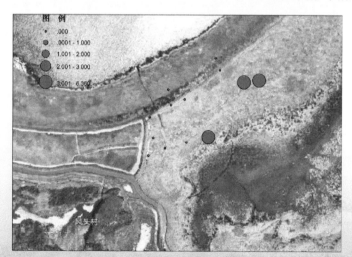

图 8-22　试验站核心区 2017 年 4 月双壳纲生物量空间分布格局

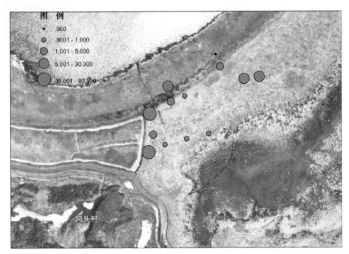

图 8-23　试验站核心区 2017 年 4 月腹足纲生物量空间分布格局

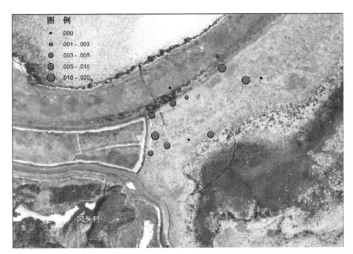

图 8-24　试验站核心区 2017 年 4 月昆虫纲生物量空间分布格局

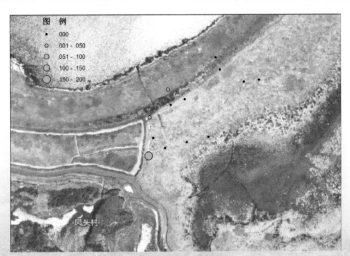

图 8-25　试验站核心区 2017 年 4 月甲壳纲生物量空间分布格局

8.6 底栖动物生物多样性

生物多样性包括遗传多样性、物种多样性、生态系统多样性和景观生物多样性四个层次。本节采用了 Margalef 丰富度指数、Simpson 优势度指数、Shannon-Wiener 多样性指数、pielou 均匀度指数来评价湿地的生物物种多样性。

Shannon-Wiener 多样性指数的公式是：

$$H' = - \sum_{i=1}^{s} (n_i/N) \ln (n_i/N)$$

式中：S 为群落中的总物种数；n_i 为第 i 种的个体数；N 为群落中的个体总数。

在 Shannon-Wiener 多样性指数中，包含着两个成分：种数和各种间个体分配的均匀性。各种之间，个体分配越均匀，H 值就越大。如果每一个体都属于不同的种，多样性指数就最大；如果每一个体都属于同一种，则其多样性指数就最小。

如果有 S 个种，在最大均匀性条件下，即每个种有 $1/S$ 个体比例，所以在此条件下 $P_i=1/S$，举例说，群落中只有两个种时，则 $H_{max}=\log_2 2=1$。

这与前面的计算是一致的，因此，我们可以把均匀性指数定义为：$E= H/ H_{max}$，其中 E 为均匀性指数，H 为实测多样性值，H_{max} 为最大多样性值，$H=\log_2 S$。

Simpson 优势度指数 = 随机取样的两个个体属于不同种的概率 =1- 随机取样的两个个体属于同种的概率，即：

$$D = 1 - \sum_{i=1}^{s} (n_i/N)^2$$

式中：S 为群落中的总物种数目；n_i 为第 i 种的个体数；N 为群落中的个体总数。

Margalef 丰富度指数公式为

$$d_{Ma}= (S-1) /\ln N$$

式中：d_{Ma} 表示生物群落的丰富程度，其中，S 为群落中总物种数目，N 为样方中观察到的个体总数。

Pielou 均匀度可以定义为群落中不同物种数量分布的均匀程度，为群落的实测多样性（H'）与理论上的最大多样性（H'_{max}，即在给定物种数 S 下的完全均匀群落分布的多样性）的比率。Pielou 均匀度指数公式为：

$$J = \frac{H'}{H'_{\max}} = -\sum_{i=1}^{s} (n_i/N) \ln (n_i/N)/\ln S$$

利用上述多样性指数评价调查区底栖动物的多样性如表 8-2 所示。

表 8-2　试验站核心区 2016 年 10 月底栖动物多样性指数

	Margalef 丰富度指数	Simpson 优势度指数	Shannon–Wiener 多样性指数	Pielou 均匀度指数
n1	0.44	0.43	1.35	0.85
n2	0.81	0.29	1.99	0.85
n3	0.00	1.00	0.00	0.84
n4	0.49	0.46	1.31	0.66
n5	1.02	0.45	1.77	0.63
n6	1.29	0.18	2.67	0.84
n7	0.45	0.44	1.48	0.74
n8	0.00	1.00	0.00	1.00
n9	0.49	0.88	0.44	0.22
n10	0.82	0.63	1.05	0.37
n11	0.16	0.50	1.00	1.00
n12	0.58	0.46	1.36	0.58

从图 8-26～图 8-29 中可看出，调查区 2016 年 10 月各采样点物种分布并不是很均匀，有些区域差距较大，如 n3 和 n6 采样点；有些区域差异较小，如 n1 和 n12 采样点；各采样点物种数量也有着或多或少的差异，就单个采样点而言，四种多样性指数都显示了基本一致的物种多样性情况。

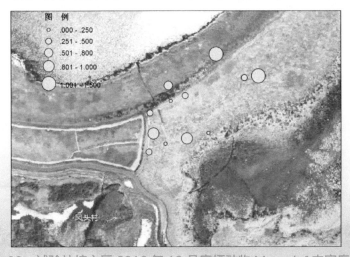

图 8-26　试验站核心区 2016 年 10 月底栖动物 Margalef 丰富度指数

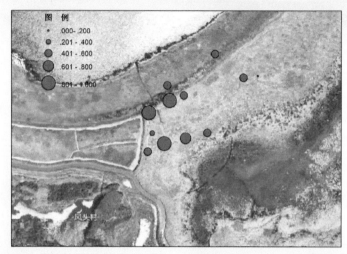

图 8-27　试验站核心区 2016 年 10 月底栖动物 Simpson 优势度指数

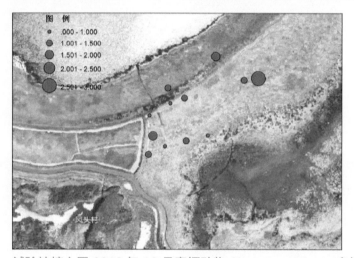

图 8-28　试验站核心区 2016 年 10 月底栖动物 Shannon-Wiener 多样性指数

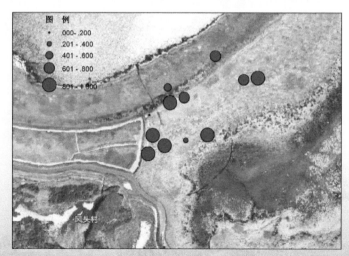

图 8-29　试验站核心区 2016 年 10 月底栖动物 Pielou 均匀度指数

调查区湿地秋季（10月）和春季（4月）物种多样性有较为明显的差异。春季的物种多样性明显高于秋季，其物种分布的均匀程度、物种种类、物种数量都有明显的提高；各采样点之间的物种丰富度和分布均匀度差距也明显缩小（表8-3，图8-30～图8-33）。

表 8-3　试验站核心区 2017 年 4 月底栖动物多样性指数

	Margalef 丰富度指数	Simpson 优势度指数	Shannon–Wiener 多样性指数	Pielou 均匀度指数
n1	0.72	0.23	2.22	0.96
n2	0.65	0.41	1.57	0.79
n3	0.91	0.26	2.16	0.84
n4	1.52	0.14	2.96	0.89
n5	1.16	0.38	2.02	0.67
n6	1.03	0.32	2.12	0.71
n7	1.37	0.49	1.78	0.54
n8	0.59	0.31	1.58	1.00
n9	1.00	0.46	1.69	0.65
n10	0.58	0.37	1.66	0.83
n11	1.35	0.22	2.65	0.80
n12	0.57	0.29	1.87	0.94
n13	0.86	0.45	1.66	0.64

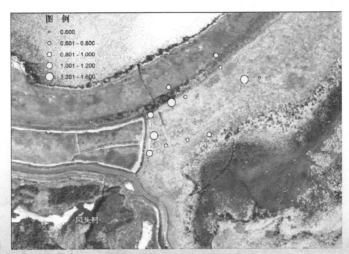

图 8-30　试验站核心区 2017 年 4 月底栖动物 Margalef 丰富度指数

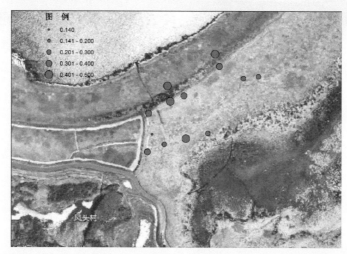

图 8-31　试验站核心区 2017 年 10 月底栖动物 Simpson 优势度指数

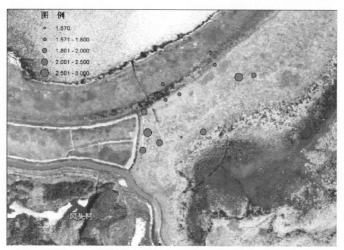

图 8-32　试验站核心区 2017 年 10 月底栖动物 Shannon-Wiener 多样性指数

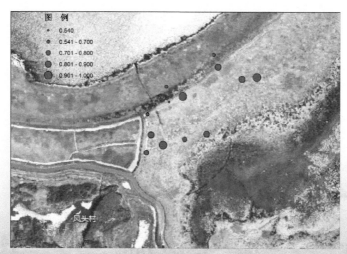

图 8-33　试验站核心区 2017 年 10 月底栖动物 Pielou 均匀度指数

参考文献

白军红，王庆改，2002. 向海沼泽湿地土壤氮素分布特征及生产效应研究 [J]. 土壤通报，33(2):113-116.

毕江涛，贺达汉，2009. 植物对土壤微生物多样性的影响研究进展 [J]. 中国农学通报 (25):244-250.

蔡永久，龚志军，秦伯强，2010. 太湖大型底栖动物群落结构及多样性 [J]. 生物多样性，18(1):50-59.

蔡永久，姜加虎，张路，等，2010. 长江中下游湖泊大型底栖动物群落结构及多样性 [J]. 湖泊科学，22(6):811-819.

曹煜彬，林娣，蔡璐，等，2017. 南矶山湿地不同植被类型对土壤碳组分、羧化酶及基因的影响 [J]. 土壤学报 (5):1269-1279.

陈伟，季秀玲，孙策，等，2015. 纳帕海高原湿地土壤细菌群落多样性初步研究 [J]. 中国微生态学杂志 (10):1117-1120.

程永建，张俊才，1991. 鄱阳湖水文气候特征 [J]. 江西水利科技，17(4):291-296.

段晓男，王效科，欧阳志云，2005. 维管植物对自然湿地甲烷排放的影响 [J]. 生态学报，25(12):3375-3382.

段学花，王兆印，程东升，2007. 典型河床底质组成中底栖动物群落及多样性 [J]. 生态学报，27(4):1664-1672.

高建华，白凤龙，杨桂山，等，2007. 苏北潮滩湿地不同生态带碳、氮、磷分布特征 [J]. 第四纪研究，27(5):756-765.

高俊琴，雷光春，李摇丽，等，2010. 若尔盖高原三种湿地土壤有机碳分布特征 [J]. 湿地科学，8(4):327-330.

葛刚，陈少风，2015. 鄱阳湖湿地植物 [M]. 北京：科学出版社.

弓晓峰，陈春丽，周文斌，等，2006. 鄱阳湖底泥中重金属污染现状评价 [J]. 环境科学，27(4):732-736.

郝贝贝，吴昊平，史俏，等，2013. 云南高原 10 个湖泊沉水植物的碳、氮、

磷化学计量学特征 [J]. 湖泊科学，25(04):539-544.

贺金生，韩兴国，2010. 生态化学计量学：探索从个体到生态系统的统一化理论 [J]. 植物生态学报，34(1):2-6.

胡泓，王东启，李杨杰，等，2014. 崇明东滩芦苇湿地温室气体排放通量及其影响因素 [J]. 环境科学研究，27(1):43-50.

胡启武，朱丽丽，幸瑞新，等，2011. 鄱阳湖苔草湿地甲烷释放特征 [J]. 生态学报，31(17):4851-4857.

胡振鹏，葛刚，刘成林，等，2010. 鄱阳湖湿地植物生态系统结构及湖水位对其影响研究 [J]. 长江流域资源与环境，19(6):597-605.

黄琪，方朝阳，胡启武，等，2017. 鄱阳湖南矶湿地生态系统野外监测进展 [J]. 湿地科学，36(6):781-788.

简敏菲，李玲玉，余厚平，等，2015. 鄱阳湖湿地水体与底泥重金属污染及其对沉水植物群落的影响 [J]. 生态环境学报 (1):96-105.

简永兴，李仁东，王建波，等，2001. 鄱阳湖滩地水生植物多样性调查及滩地植被的遥感研究 [J]. 植物生态学报，25(5):581-587.

江西植物志编辑委员会，1960-2014. 江西植物志 [M]. 南昌：江西人民出版社.

赖建东，田昆，郭雪莲，2014. 纳帕海湿地土壤有机碳和微生物量碳研究 [J]. 湿地科学，12(1):49-54.

雷婷 .2008. 鄱阳湖南矶山湿地土壤对氮的吸附与释放特性初步研究 [D]. 南昌：南昌大学 .

雷学明，段洪浪，刘文飞，等 . 鄱阳湖湿地碟形湖泊沿高程梯度土壤养分及化学计量研究 [J]. 土壤，2017，49(1): 40-48.

李典友，潘根兴，2009. 长江中下游地区湿地开垦及土壤有机碳含量变化 [J]. 湿地科学，7(2):187-190.

李静，2017. 南矶山湿地典型植物分布特征及分析 [D]. 南昌：南昌工程学院 .

李靖宇，杜瑞芳，赵吉，2015. 乌梁素海富营养化湖泊湖滨湿地过渡带细菌群落结构的高通量分析 [J]. 微生物学报，55(5):598-606.

梁象秋，1996. 水生生物学 (形态和分类) [M]. 北京：中国农业出版社 .

林先贵，1991. 土壤微生物学的研究进展和发展方向 [J]. 土壤 (04):210-213.

刘信中, 樊三宝, 胡斌华, 2006.江西南矶山湿地自然保护区综合科学考察 [M]. 北京：中国林业出版社.

刘月英, 1979.中国经济动物志：淡水软体动物 [M]. 北京：科学出版社.

刘长娥, 杨永兴, 杨杨, 2008.九段沙上沙湿地植物 N、P、K 的分布特征与季节动态 [J]. 生态学杂志, 27(11):1876-1882.

鲁静, 周虹霞, 田广宇, 等, 2011.洱海流域 44 种湿地植物的氮磷含量特征 [J]. 生态学报, 31(3):709-715.

莫大伦, 吴建学, 1988.海南岛 86 种植物的化学成分特点及元素间关系研究 [J]. 植物生态学与地植物学学报, 12(1):51-62.

彭佩钦, 张文菊, 董成立, 2005.洞庭湖湿地土壤碳氮磷及其与土壤物理性状的关系 [J]. 应用生态学报, 16(10):1872-1878.

瞿文川, 余源盛, 1996.鄱阳湖湿地土壤中 Fe、Mn 的迁移特征及其与水位周期变动的关系 [J]. 湖泊科学, 8(1):35-42.

宋彦涛, 周道玮, 李强, 等, 2012.松嫩草地 80 种草本植物叶片氮磷化学计量特征 [J]. 植物生态学报, 36(3):222-230.

谭志强, 张奇, 李云良, 等, 2016.鄱阳湖湿地典型植物群落沿高程分布特征 [J]. 湿地科学, 14(4):506-515.

唐红渠, 2006.中国摇蚊科幼虫生物系统学研究 [D]. 天津：南开大学.

万忠梅, 宋长春, 杨桂生, 等, 2009.三江平原湿地土壤活性有机碳组分特征及其与土壤酶活性的关系 [J]. 环境科学学报.29(2):406-412.

万忠梅, 宋长春, 2008.小叶章湿地土壤酶活性分布特征及其与活性有机碳表征指标的关系 [J]. 湿地科学, 6(2):249-257.

王维奇, 徐玲琳, 曾从盛, 等, 2011.河口湿地植物活体—枯落物—土壤的碳氮磷生态化学计量特征 [J]. 生态学报, 31(31):7119-7124.

王文博, 2008.喀斯特小流域土地利用 / 覆被变化和土壤侵蚀研究 [D]. 北京：北京大学.

王晓龙, 徐立刚, 姚鑫, 等, 2010.鄱阳湖典型湿地植物群落土壤微生物量特征 [J]. 生态学报, 30(18):5033-5042.

王野乔, 龚健雅, 夏军, 等, 2016.鄱阳湖流域生态安全及其监控 [M]. 北京：

科学出版社.

吴琴,尧波,幸瑞新,等,2012.鄱阳湖典型湿地土壤有机碳分布及影响因子 [J].
　　生态学杂志,31(2):313-318.

吴统贵,吴明,刘丽,等,2010.杭州湾滨海湿地3种草本植物叶片N、P
　　化学计量学的季节变化 [J].植物生态学报,34 (1):23-28.

吴燕平,阳文静,2015.湿地生物多样性监测的指标体系和实施方法:以北
　　美大湖湿地为例 [J].生物多样性,23(4):527-535.

熊汉锋,黄世宽,陈治平,等,2007.梁子湖湿地植物的氮磷积累特征 [J].
　　生态学杂志,26(4):466-470.

徐丽婷,阳文静,吴燕平,等,2017.基于植被完整性指数的鄱阳湖湿地生
　　态健康评价 [J].生态学报,37(15):5102-5110.

徐梦珍,王兆印,潘保柱,等,2012.雅鲁藏布江流域底栖动物多样性及生
　　态评价 [J].生态学报,32(8):2351-2360.

杨继松,刘景双,2009.小叶章湿地土壤微生物生物量碳和可溶性有机碳的
　　分布特征 [J].生态学杂志,28(8):1544-1549.

杨桂生,宋长春,王丽等,2010.水位梯度对小叶章湿地土壤微生物活性的
　　影响 [J].环境科学,31(2):444-449.

曾德慧,陈广生,2005.生态化学计量学:复杂生命系统奥秘的探索 [J].植
　　物生态学报,29(6):1007-1019.

张方方,齐述华,廖富强,等,2011.鄱阳湖湿地出露草洲分布特征的遥感
　　研究 [J].长江流域资源与环境,20(11):1361-1367.

张军方,张强,王志强,等,2012.钡盐厂周边土壤中钡及各形态钡的分布
　　规律 [J].地球与环境,40(4):548-553.

张全军,于秀波,钱建鑫,等,2012.鄱阳湖南矶湿地优势植物群落及土壤
　　有机质和营养元素分布特征 [J].生态学报,32(12):3656-3669.

张文菊,吴金水,肖和艾,等.2004.三江平原典型湿地剖面有机碳分布特征
　　与积累现状 [J].地球科学进展,19(4):558-563.

张雪雯,莫熠,张博雅,等,2014.干湿交替及凋落物对若尔盖泥炭土可溶
　　性有机碳的影响 [J].湿地科学 (2):134-140.

赵美霞，李德志，潘宇，等，2012. 崇明东滩湿地芦苇和互花米草 N、P 利用策略的生态化学计量学分析 [J]. 广西植物，32(6):715-722.

中国植被编辑委员会，1980. 中国植被 [M]. 北京：科学出版社.

中国植物志编辑委员会，1959-2004. 中国植物志 [M]. 北京：科学出版社.

Ansola G，Arroyo P，Sáenz De Miera L E，2014. Characterisation of the soil bacterial community structure and composition of natural and constructed wetlands[J]. Science of the Total Environment，473-474:63-71.

Bedford B L，Walbridge M R，Aldous A，1999. Patterns in nutrient availability and plant diversity of temperate North American wetlands[J]. Ecology，80(7):2151-2169.

Casanova M T，Brock M A，2000. How do depth，duration and frequency of flooding influence the establishment of wetland plant communities[J]? Plant Ecology，147(2):237-250.

Dedysh S N，Ricke P，Liesack W，2004. NifH and NifD phylogenies：An evolutionary basis for understanding nitrogen fixation capabilities of methanotrophic bacteria[J]. Microbiology，150(5):1301-1313.

Deng Y，Cui X，Hernandez M，et al，2014. Microbial diversity in hummock and hollow soils of three wetlands on the Qinghai-Tibetan plateau revealed by 16S rRNA pyrosequencing[J]. PLoS ONE，9(7):e103115.

Fissore C，Giardina C P，Kolka R K，et al，2009. Soil organic carbon quality in forested mineral wetlands at different mean annual temperature[J]. Soil Biology & Biochemistry，41:458-466.

Güsewell S，Koerselman W，2002. Variation in nitrogen and phosphorus concentrations of wetland plants[J]. Perspectives in Plant Ecology，Evolution and Systematics，5(1):37-61.

Huang Qi，Gao Junfeng，Cai Yongjiu，et al，2015. Development and application of benthic macroinvertebrate-based multimetric indices for the assessment of streams and rivers in the Taihu Basin，China[J]. Ecological Indicators，48(1):649-659.

Janssen P H, 2006. Identifying the dominant soil bacterial taxa in libraries of 16S rRNA and 16S rRNA genes[J].Applied and Environmental Microbiology, 72(3):1719-1728.

Jiang X, Peng X, Deng G, et al, 2013. Illumina sequencing of 16S rRNA tag revealed spatial variations of bacterial communities in a mangrove wetland[J]. Microbial Ecology, 66(1):96-104.

Kalbitz K, Solinger S, Park J H, et al, 2000. Controls on the dynamics of dissolved organic matter in soils: a review[J]. Soil Science, 165(4):277-304.

Kayranli B, Scholz M, f Mustafa A, et al, 2010. Carbon storage and fluxes within freshwater wetlands: a critical review[J]. Wetlands, 30:111-124.

Klatt C G, Liu Z, Ludwig M, et al, 2013. Temporal metatranscriptomic patterning in phototrophic Chloroflexi inhabiting a microbial mat in a geothermal spring[J]. The ISME Journal, 7(9):1775-1789.

Koerselman W, Meuleman A F M, 1996. The vegetation N: P ratio: A new tool to detect the nature of nutrient limitation[J]. Journal of Applied Ecology, 33(6):1441-1450.

Kowalchuk G A, Buma D S, de Boer W, et al, 2002. Effects of above-ground plant species composition and diversity on the diversity of soil-borne microorganisms[J]. Anton Leeuw Int J G, (81):509-520.

Lacoul P, Freedman B, 2006. Environmental influences on aquatic plants in freshwater ecosystems[J]. Environmental Reviews, 14(2):89-136.

Li W, Cheng J M, Yu K L, et al, 2015. Niche and neutral processes together determine diversity loss in response to fertilization in an alpine meadow community[J]. PloS ONE, 10(8):e0134560.

Ligi T, Oopkaup K, Truu M, et al, 2014. Characterization of bacterial communities in soil and sediment of a created riverine wetland complex using high-throughput 16S rRNA amplicon sequencing[J]. Ecological Engineering, 72:56-66.

Lv X, Yu J, Fu Y, et al, 2014. A Meta-Analysis of the bacterial and archaeal diversity observed in wetland soils[J]. The Scientific World Journal, 2014:1-12.

Mau R L, Liu C M, Aziz M, et al, 2015. Linking soil bacterial biodiversity and soil carbon stability[J]. The ISME Journal, 9:1477-1480.

Merlin A, Bonis A, Damgaard C F, et al, 2015. Competition is a strong driving factor in wetlands, peaking during drying out periods[J]. PloS ONE, 10(6):e0130152.

Morse J C, Yang L, Tian L, 1984. Aquatic insects of China useful for monitoring water quality[M]. Nanjing:Hohai University Press.

Reich P B, Oleksyn J, 2004. Global patterns of plant leaf N and P in relation to temperature and latitude[J]. Proceedings of the National Academy Sciences of the United States of America, 101(30):11001-11006.

Ruhí A, Chappuis E, Escoriza D, et al, 2014. Environmental filtering determines community patterns in temporary wetlands: a multi-taxon approach[J]. Hydrobiologia, 723(1):25-39.

Smith P, Fang C M, 2010. A warm response by soils[J]. Nature, 464:499-500.

Tang Y S, Wang L, Jia J W, et al, 2011. Response of soil microbial community in Jiuduansha wetland to different successional stages and its implications for soil microbial respiration and carbon turnover[J]. Soil Biology & Biochemistry, 43:638-646.

Tulbure M G, Johnston C A, 2010. Environmental conditions promoting non-native Phragmites australis, expansion in Great Lakes coastal wetlands[J]. Wetlands, 30(3):577-587.

Wang J Y, Song C C, Wang X W, et al, 2012a. Changes in labile soil organic carbon fractions in wetland ecosystems along a latitudinal gradient in Northeast China[J]. Catena, 96:83-89.

Wang L, Dronova I, Gong P, et al, 2012b. A new time series vegetation–water index of phenological–hydrological trait across species and functional types for Poyang Lake wetland ecosystem[J]. Remote Sensing of Environment, 125(4):49-63.

Wang Y, Sheng H, He Y, et al, 2012c. Comparison of the levels of bacterial diversity in freshwater, intertidal wetland, and marine sediments by using millions of illumina tags[J]. Applied and Environmental Microbiology, 78(23):8264-8271.

Wieder W R, Bonan G B, Allison S D, 2013. Global soil carbon projections are improved by modelling microbial processes[J]. Nature Climate Change, 3(10):909-912.

Xiao Y, Huang Z G, Lu X G, 2015. Changes of soil labile organic carbon fractions and their relation to soil microbial characteristics in four typical wetlands of Sanjiang Plain, Northeast China[J]. Ecological Engineering, 82:381-389.

Yu Y, Wang H, Liu J, et al, 2012. Shifts in microbial community function and structure along the successional gradient of coastal wetlands in Yellow River Estuary[J]. European Journal of Soil Biology, 49:12-21.

Yun J, Ju Y, Deng Y, Zhang H, 2014. Bacterial community structure in two permafrost wetlands on the Tibetan Plateau and Sanjiang plain, China[J]. Microbial Ecology, 68(2):360-369.

Zeglin L H, Dahm C N, Barrett J E, et al, 2010. Bacterial community structure along moisture gradients in the parafluvial sediments of two ephemeral desert streams[J]. Microbial Ecology, 61(3):543-556.

附　　图

图 1　试验站核心区春季景观

图 2　试验站核心区冬季景观

图 3　本底调查前期踏查合影

图 4　野外本底调查合影

图5　水质样品采集

图6　群落调查

图7　无人机航拍

图8　气象仪器检查维护与数据采集

图9　土壤样品采集

图10　底栖动物调查

试验站核心区常见植物

狗牙根（*Cynodon dactylon* (Linn.) Pers.）

牛鞭草（*Hemarthria altissima* (Poir.) Stapf et C. E. Hubb.）

蒌蒿（*Artemisia selengensis* Turcz. ex Besser）

葛藟葡萄（*Vitis flexuosa* Thunb.）

鼠麴草（*Pseudognaphalium affine* (D.Don) Anderb.）

黄鹌菜（*Youngia japonica* (L.) DC.）

菰（*Zizania latifolia* (Griseb.) Turcz. ex Stapf)

芦苇（*Phragmites australis* (Cav.) Trin. ex Steud.)

南荻（*Miscanthus*）

虉草（*Phalaris arundinacea* L.）

广州蔊菜（*Rorippa cantoniensis* (Lour.) Ohwi）

皱叶酸模（*Rumex crispus* L.）

灰化苔草（*Carex cinerascens* Kük.）

箭叶蓼（*Polygonum sieboldii* Meissn.）

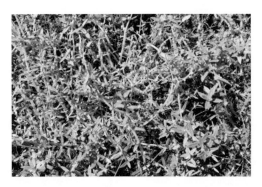

白花水八角（*Gratiola japonica* Miq.）

七层楼（*Tylophora floribunda* Miq.）

蔊菜（*Rorippa indica* (L.) Hiern）

野胡萝卜（*Daucus carota* L.）

光头稗（*Echinochloa colona* (L.) Link）

水蓼（*Polygonum hydropiper* L.）

蓼子草（*Polygonum criopolitanum Hance*）

丁香蓼（*Ludwigia prostrata* Roxb.）

风花菜（*Rorippa globosa* (Turcz. ex Fisch.& C.A. Mey.) Vassilcz.）

水田碎米荠（*Cardamine lyrata Bunge*）

碎米荠（*Cardamine hirsuta* L.）

下江委陵菜（*Potentilla limprichtii* J.

Krause）

通泉草（*Mazus pumilus* (Burm. f.)

Steenis）

沼生水马齿（*Callitriche palustris* L.）

具刚毛荸荠（*Eleocharis valleculosa* var.

setosa Ohwi）

石龙芮（*Ranunculus sceleratus* L.）

看麦娘（*Alopecurus aequalis* Sobol.）

浮萍（*Lemna minor* L.）

浮苔（*Ricciocarpus natans* (L.) Corda）

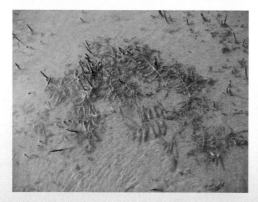

微齿眼子菜（*Potamogeton maackianus* A. Benn.）

荇菜（*Nymphoides peltata* (Gmel.) Kuntze）

金鱼藻（*Ceratophyllum demersum* L.）

黑藻（*Hydrilla verticillata* (L. f.) Royle)